Mitteilungen über Forschungsarbeiten.

Die bisher erschienenen Hefte enthalten:

Heft 1.

Bach: Untersuchungen über den Unterschied der Elastizität von Hartguß (abgeschrecktem Gußeisen) und von Gußeisen gewöhnlicher Härte.
—, Zur Frage der Proportionalität zwischen Dehnungen und Spannungen bei Sandstein.
—, Versuche über die Abhängigkeit der Festigkeit und Dehnung der Bronze von der Temperatur.
—, Versuche über das Arbeitsvermögen und die Elastizität von Gußeisen mit hoher Zugfestigkeit.
—, Versuche über die Druckfestigkeit hochwertigen Gußeisens und über die Abhängigkeit der Zugfestigkeit desselben von der Temperatur.
—, Untersuchung über die Temperaturverhältnisse im Innern eines Lokomobilkessels während der Anheizperiode.

Heft 2. vergriffen.

Stribeck: Kugellager für beliebige Belastungen.
Göpel: Die Bestimmung des Ungleichförmigkeitsgrades rotierender Maschinen durch das Stimmgabelverfahren.
Holborn und **Dittenberger:** Wärmedurchgang durch Heizflächen.
Lüdicke: Versuche mit einem Lufthammer.

Heft 3. vergriffen.

Meyer: Untersuchungen am Gasmotor.
Martens: Zugversuche mit eingekerbten Probekörpern.
Werkzeugstahl-Ausschuß Schnelldrehstahl.

Heft 4. vergriffen.

Bach: Versuche über die Abhängigkeit der Zugfestigkeit und Bruchdehnung der Bronze von der Temperatur.
Lindner: Dampfhammer-Diagramme.
Bach: Eine Stelle an manchen Maschinenteilen, deren Beanspruchung aufgrund der üblichen Berechnung stark unterschätzt wird.
Körting: Untersuchungen über die Wärme der Gasmotorenzylinder.
Claaßen: Die Wärmeübertragung bei der Verdampfung von Wasser und von wässrigen Lösungen.

Heft 5. vergriffen.

Bach: Die Elastizität der an verschiedenen Stellen einer Haut entnommenen Treibriemen.
Staus: Beitrag zur Wärmebilanz des Gasmotors.
Pfarr: Bremsversuche an einer New American-Turbine.
Bach: Zur Frage des Wärmewertes des überhitzten Wasserdampfes.

Heft 6. vergriffen.

Schröder: Versuche zur Ermittlung der Bewegungen und Widerstandsunterschiede großer gesteuerter und selbsttätiger federbelasteter Pumpen-Ringventile.
Westberg: Schneckengetriebe mit hohem Wirkungsgrade.
Frahm: Neue Untersuchungen über die dynamischen Vorgänge in den Wellenleitungen von Schiffsmaschinen mit besonderer Berücksichtigung der Resonanzschwingungen.

Heft 7. vergriffen.

Stribeck: Die wesentlichen Eigenschaften der Gleit- und Rollenlager.
Schröter: Untersuchung einer Tandem-Verbundmaschine von 1000 PS.
Austin: Ueber den Wärmedurchgang durch Heizflächen

Heft 8.

Langen: Untersuchungen über die Drücke, welche bei Explosionen von Wasserstoff und Kohlenoxyd in geschlossenen Gefäßen auftreten.
Meyer: Untersuchungen am Gasmotor.

Heft 9.

Lasche: Die Reibungsverhältnisse in Lagern mit hoher Umfangsgeschwindigkeit.
Dittenberger: Ueber die Ausdehnung von Eisen, Kupfer, Aluminium, Messing und Bronze in hoher Temperatur.

Bach: Die Elastizitäts- und Festigkeitseigenschaften der Eisensorten, für welche nach dem vorhergehenden Aufsatz die Ausdehnung durch die Wärme ermittelt worden ist.
—, Versuche zur Klarstellung der Verschwächung zylindrischer Gefäße durch den Mannlochausschnitt.

Heft 10.

Günther: Verfahren zur Gewinnung von Kupfer und Nickel aus kupfer- und nickelhaltigen Magnetkiesen.
Grübler: Versuche über die Festigkeit von Schmirgel- und Karborundumscheiben.
Klein: Reibungsziffern für Holz und Eisen.

Heft 11.

Schmidt: Untersuchungen über die Umlaufbewegung hydrometrischer Flügel.
Bach und **Roser:** Untersuchung eines dreigängigen Schneckengetriebes.
Frank: Neuere Ermittlungen über die Widerstände der Lokomotiven und Bahnzüge mit besonderer Berücksichtigung großer Fahrgeschwindigkeiten.
Bach: Abhängigkeit der Wirksamkeit des Oelabscheiders von der Beschaffenheit des den Dampfzylindern zugeführten Oeles.

Heft 12.

Lewicki: Die Anwendung hoher Ueberhitzung beim Betrieb von Dampfturbinen.

Heft 13.

Grießmann: Beitrag zur Frage der Erzeugungswärme des überhitzten Wasserdampfes und sein Verhalten in der Nähe der Kondensationsgrenze.
Diegel: Der Einfluß von Ungleichmäßigkeiten im Querschnitte des prismatischen Teiles eines Probestabes auf die Ergebnisse der Zugprüfung.
Schimanek: Versuche mit Verbrennungsmotoren.
Stribeck: Der Warmzerreißversuch von langer Dauer. Das Verhalten von Kupfer.

Heft 14 bis 16. vergriffen.

Berner: Die Erzeugung des überhitzten Wasserdampfes.

Heft 17.

Meyer: Versuche an Spiritusmotoren und am Diesel-Motor.
Pfarr: Bremsversuche an einer Radialturbine.
Bach: Versuche mit Granitquadern zu Brückengelenken.

Heft 18.

Schlesinger: Die Passungen im Maschinenbau.
Brauer: Leistungsversuche an Linde-Maschinen.
Büchner: Zur Frage der Lavalschen Turbinendüsen.

Heft 19.

Schröter und **Koob:** Untersuchung einer von Van den Kerchove in Gent gebauten Tandemmaschine von 250 PS.
Gutermuth: Versuche über den Ausfluß des Wasserdampfes.
—, Die Abmessungen der Steuerkanäle der Dampfmaschinen.
Strahl: Vergleichende Versuche mit gesättigtem und mäßig überhitztem Dampf an Lokomotiven.

Heft 20.

Bach: Versuche mit Sandsteinquadern zu Brückengelenken.
Stahl: Untersuchung des Auslaufweges elektrischer Aufzüge.

Heft 21.

Berner: Die Fortleitung des überhitzten Wasserdampfes.
Knoblauch, Linde, Klebe: Die thermischen Eigenschaften des gesättigten und des überhitzten Wasserdampfes zwischen 100° und 180° C. I. Teil.
Linde: Die thermischen Eigenschaften des gesättigten und des überhitzten Wasserdampfes zwischen 100° und 180° C. II. Teil.
Lorenz: Die spezifische Wärme des überhitzten Wasserdampfes.

Mitteilungen

über

Forschungsarbeiten

auf dem Gebiete des Ingenieurwesens

insbesondere aus den Laboratorien
der technischen Hochschulen

herausgegeben vom

Verein deutscher Ingenieure.

Heft 75.

Springer-Verlag Berlin Heidelberg GmbH
1909

ISBN 978-3-662-01711-1   ISBN 978-3-662-02006-7 (eBook)
DOI 10.1007/978-3-662-02006-7

Inhalt.

Seite

Ueber eine Vorrichtung zur vereinfachten Prüfung der Kugeldruckhärte und über die damit erzielten Ergebnisse. Von A. Martens und E. Heyn . 1

Untersuchungen über den Ausfluß komprimierter Luft aus Haarröhrchen und die dabei auftretenden Wirbelerscheinungen. Von Wilh. Ruckes 23

Ueber eine Vorrichtung zur vereinfachten Prüfung der Kugeldruckhärte und über die damit erzielten Ergebnisse.

Mitteilung aus dem Königl. Materialprüfungsamt Groß-Lichterfelde bei Berlin.

Von A. Martens und E. Heyn.

Im Jahre 1901 erschien eine zusammenfassende Arbeit von Axel Wahlberg[1]) über die mit der Kugeldruckprobe nach J. A. Brinell bei der Untersuchung verschiedener Baustoffe erzielten Ergebnisse, nachdem bereits auf der Pariser Weltausstellung 1900 ein Ueberblick über das Verwendungsgebiet dieser Probe gegeben war. Die verhältnismäßig einfach durchzuführende Probe, die es gestattet, in kurzer Frist wertvolle Aufschlüsse über die Eigenschaften der Baustoffe zu gewinnen, erregte allgemeine Beachtung, die sich im besonderen auch bei den Kongressen des Internationalen Verbandes für die Materialprüfungen der Technik in Budapest 1901 und in Brüssel 1906 durch eine Reihe von Berichten kund gab.

Die Brinellsche Probe besteht bekanntlich darin, daß eine Kugel von einem bestimmten Durchmesser D unter einem bestimmten Druck P in den zu prüfenden Stoff eingepreßt wird. Der Durchmesser d des Eindruckes wird unter dem Mikroskop oder mittels besonderer Meßvorrichtungen gemessen. Darauf wird die Eindrucktiefe h nach der Formel $h = \dfrac{D}{2} - \sqrt{\dfrac{D^2}{4} - \dfrac{d^2}{4}}$ berechnet und schließlich als Härtezahl $\mathfrak{H}$ das Verhältnis zwischen Druck P und der Oberfläche der Kugelkalotte $\pi D h$ angegeben, so daß

$$\mathfrak{H} = \frac{P}{\pi D h} = \frac{P}{\pi D \left[\dfrac{D}{2} - \sqrt{\dfrac{D^2}{4} - \dfrac{d^2}{4}}\right]} \quad \ldots \ldots \ldots (1).$$

Diese Berechnungsweise ist zunächst etwas umständlich und erfordert Zahlentafeln über die Beziehung zwischen d und h; außerdem ist es häufig recht schwierig, den Durchmesser d genau zu ermitteln, da die Eindruckränder unscharf und schwer zu erkennen sind. Dies gilt besonders für gegossene Stoffe, wie Bronze, Aluminium und dergl., bei denen die Eindrücke wegen der groben Kristallisation von der Kreisform ganz erheblich abweichen.

Ferner ist zu bedenken, daß, wie unten näher gezeigt werden wird, der Krümmungshalbmesser R der Eindruckkalotte namentlich bei härteren Stoffen ganz erheblich größer sein kann als der Kugelhalbmesser $\dfrac{D}{2}$. Er kann z. B. bei geringen Drücken P für eine 10 mm-Kugel bis auf den Wert 9 mm statt 5 mm steigen, wenn ungehärteter Werkzeugstahl geprüft wird. Es folgt daraus, daß der berechnete Wert der Kalottenoberfläche in solchen Fällen mit der wirklichen Oberfläche der Eindruckkalotte gar nichts zu tun hat, und daß

---

[1]) Hållfasthetsprof och andra undersökningar å diverse metaller och ämnen, Stockholm 1901.

der nach Formel (1) berechnete Wert, der dem Druck auf die Flächeneinheit dieser errechneten Kalotte entspricht, keine physikalische Bedeutung haben kann.

Es liegt somit nahe, die umständliche Errechnung von h aus dem gemessenen Wert d zu umgehen und die Eindrucktiefe h unmittelbar in einfacher Weise zu messen. Mit Rücksicht hierauf ist der vorliegende Härteprüfer von Martens entworfen.

In einer kürzlich erfolgten Veröffentlichung[1]) definiert E. Meyer die Kugeldruckhärte p_m als den mittleren Druck auf die Einheit der Eindruckkreisfläche, also auf die Flächeneinheit der Projektion der Kalotte:

$$p_m = \frac{P}{\frac{\pi}{4} d^2} \quad \ldots \ldots \ldots \ldots (2).$$

Hierdurch ist die Umständlichkeit der Berechnung der Kalottenoberfläche umgangen und ein einfacher physikalischer Ausdruck für die Kugeldruckhärte gewonnen. Dieses Verfahren leidet aber immer noch an der Schwierigkeit, den Durchmesser d zu messen, die in einer Reihe von Fällen zur Unmöglichkeit wird, wie später gezeigt werden soll.

Mit Recht macht E. Meyer darauf aufmerksam, daß ein einzelner Wert von p_m für einen bestimmten Druck P zur Kennzeichnung der Härte nicht herausgegriffen werden darf, sondern daß die Beziehung zwischen p_m und P als eine Kurve anzugeben sei, von der jeder Punkt gleichberechtigt ist, als Härtemaßstab zu dienen. Seine Untersuchungen führten ihn zu der Beziehung

$$P = a d^n \ldots \ldots \ldots \ldots (3),$$

worin a und n Konstanten für einen bestimmten Stoff in einem bestimmten anfänglichen Behandlungszustand sind[2]). Die an sich berechtigten Schlüsse Meyers machen aber für praktische Zwecke die Kugeldruckprüfung zu umständlich, selbst wenn es gelänge, jederzeit den Eindruckdurchmesser d einwandfrei zu bestimmen. Es müßten durch eine Reihe von Kugeldrücken verschiedene zusammengehörige Werte von P und d für jeden zu prüfenden Stoff bestimmt und daraus die Konstanten a und n ermittelt werden. Dadurch würde die Kugeldruckprobe ihres Hauptvorzuges, nämlich der Einfachheit der Durchführung, verlustig gehen.

Es wird unten weiter gezeigt werden, daß dieser Uebelstand sich mit Hülfe der Martensschen Vorrichtung beheben läßt. Die Aufzeichnung einer ganzen Kurve nach Meyers Vorgang wird entbehrlich, weil sich die Beziehung zwischen P und der Eindrucktiefe h zu Beginn des Eindringens der Kugel, also bei niedrigen Drücken P, sehr einfach, nämlich geradlinig, gestaltet, so daß es tatsächlich möglich wird, nur diesen geradlinigen Teil der Kurve zur Kennzeichnung der Härte zu verwenden. Die Kugeldruckhärte wird somit für sehr kleine Werte von P bestimmt; dies hat erhöhte Bedeutung, da man die Härte eines Stoffes möglichst in seinem Anfangzustand kennen will und nicht erst in dem Zustand, in den er künstlich durch tiefes Eindringen der Kugel (Kaltbearbeitung) übergeführt wird.

Die Messung der Eindrucktiefe h mittels der Martensschen Vorrichtung ist in einfachster Weise durchführbar, selbst in Fällen, wo die Messung des Eindruckdurchmessers aus praktischen Gründen unmöglich oder ganz unzuver-

---

[1]) Untersuchungen über Härteprüfung und Härte, Zeitschrift des Vereines deutscher Ingenieure 1908 S. 645.

[2]) Bereits im Jahre 1899 leitete Rasch dieselbe Beziehung ab (Zeitschr. für Werkzeugmaschinen und Werkzeuge 1899 Heft 19 und 20).

lässig wird. Ein besonderer Vorteil liegt darin, daß zur Druckerzeugung der Druck jeder beliebigen Wasserleitung genügt.

Im Folgenden wird zunächst in Abschnitt A der Härteprüfer beschrieben. In Abschnitt B werden Prüfungsergebnisse mit verschiedenen Stoffen mitgeteilt und die dabei auftretenden Gesetzmäßigkeiten abgeleitet. In Abschnitt C werden einige Bemerkungen über den Vergleich zwischen Kugeldruckhärte und Ritzhärte gemacht, und schließlich soll in Abschnitt D eine Vorschrift für die Handhabung der Meßvorrichtung gegeben werden.

A) Beschreibung des Härteprüfers, Bauart Martens[1]).

Der von der Firma Louis Schopper, Leipzig, in mustergültiger Weise ausgeführte Härteprüfer ist in Fig. 1 im Lichtbild dargestellt. Er besteht aus einem Druckerzeuger, der im unteren Teil der Vorrichtung liegt, und der darüber befindlichen Vorrichtung zur Messung der Eindrucktiefe h.

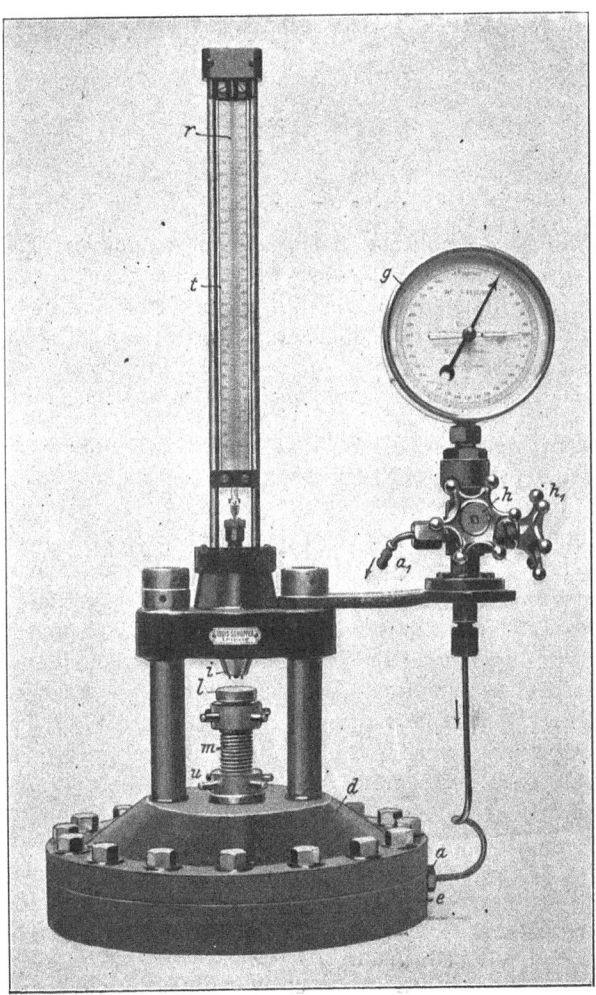

Fig. 1. Härteprüfer, Bauart Martens.

[1]) Martens hat den Grundgedanken der Konstruktion zuerst in den Sitzungsberichten der Königl. Akademie der Wissenschaften 1805 S. 1035 und nachher in den Verhandlungen des Vereines zur Beförderung des Gewerbfleißes vom 5. März 1906 zum Abdruck gebracht.

Der Druckerzeuger ist in Fig. 2 im Schnitt dargestellt. Das durch den Anschlußstutzen a aus der Wasserleitung eintretende Wasser tritt unter eine Lederscheibe b, unter der sich die Gummihaut c befindet. Beide sind zwischen Deckel d und Grundplatte e wasserdicht festgespannt. Wird durch a Wasser

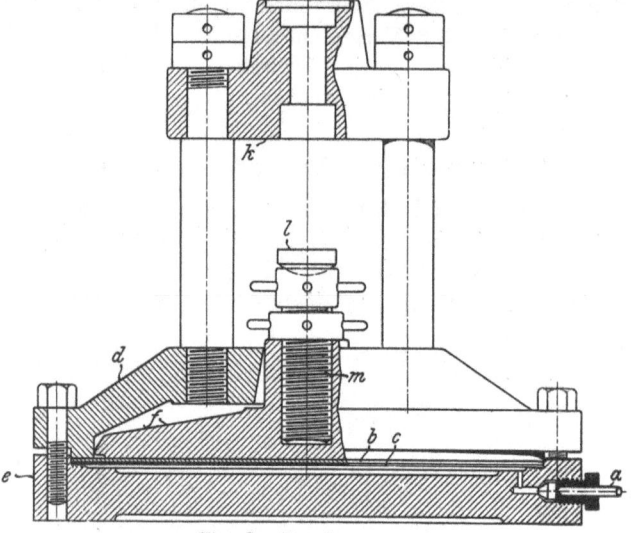

Fig. 2. Druckerzeuger.

zugelassen, so wird die Membrane b und c gehoben, und der Kolben f, dessen wirksame Fläche 500 qcm ist, mit einem bestimmten Druck P angehoben. Die Wasserpressung wird am Manometer g, Fig. 1, abgelesen, das in $300^0 = 5$ kg/qcm eingeteilt ist. Zeigt somit das Manometer z Grade[1]) an, so ist der Druck P

$$P = z \frac{25}{3} \text{ kg} \quad \ldots \ldots \ldots \ldots (4).$$

Durch Ventil h kann man den Wasserzufluß zu a und damit den Druck P regeln. Der höchste zulässige Druck P ist, da das Manometer bis $z = 300$ anzeigt, 2500 kg[2]).

Die 5 mm-Stahlkugel wird mit einer Spur Klebewachs in dem Futterkörper i befestigt, der sich gegen das Querhaupt k lehnt. Der auf Härte zu prüfende Probekörper wird auf den Tisch l aufgelegt. Dieser ruht mittels Kugellagerung auf dem oberen Teil der Stellschraube m (vergl. Fig. 3 und 4). Die Stellschraube dient zur Einstellung des Abstandes zwischen Oberkante des Tisches l und Kugel n, Fig. 3, auf die Dicke des zu prüfenden Probekörpers.

Soll der Druck P vermindert werden, so ist Ventil h für den Wasserzutritt zu schließen, während durch Handrad h_1 der Raum unter dem Kolben f mit dem Wasserabfluß a_1 in Verbindung gebracht wird. Aus später zu erwähnenden Gründen ist es zweckmäßig, den Steuerkörper h, h_1, a_1 nicht, wie in Fig. 1, oben am Querhaupt, sondern unten auf dem Tisch anzubringen, auf dem der Härteprüfer steht, und das Auslaßrohr a_1 mit schwachem Gefälle zu versehen.

---

[1]) Da die Teilung einer Federmanometerskala ohnehin empirisch festgestellt wird, so ist die Gradteilung gewählt, weil sie leicht auf der Maschine herstellbar ist, und weil die Ablesung mit weit geringeren Fehlern behaftet ist als die gewöhnlichen Manometerteilungen. Für den Federwert in at ist dann eine Zahlentafel aufgestellt, nach der die Ablesung der Gradablesung in at erfolgen kann, wenn man sich mit dem oben angegebenen Mittelwert $300^0 = 5$ at nicht begnügen will, der für praktische Zwecke immer ausreichend genügend sein wird.

[2]) Neuerdings wird ein Manometer verwendet, das in $300^0 = 2,5$ kg/qcm geteilt ist.

Die Vorrichtung zum Messen der Eindrucktiefe der Kugel ist ersichtlich aus Fig. 1, 3 und 4. Drei Stahlstäbchen o legen sich auf die zu prüfende Fläche des Probekörpers auf. Sie tragen auf Spitzen die Stahlpatte p. Auf dieser ruht ein Führungskolben m_1 und auf diesem schließlich im Schwerpunkt des Stützdruckes der drei Spitzen an p der Stahlkolben m_2, der in seinem Zylinder queck-

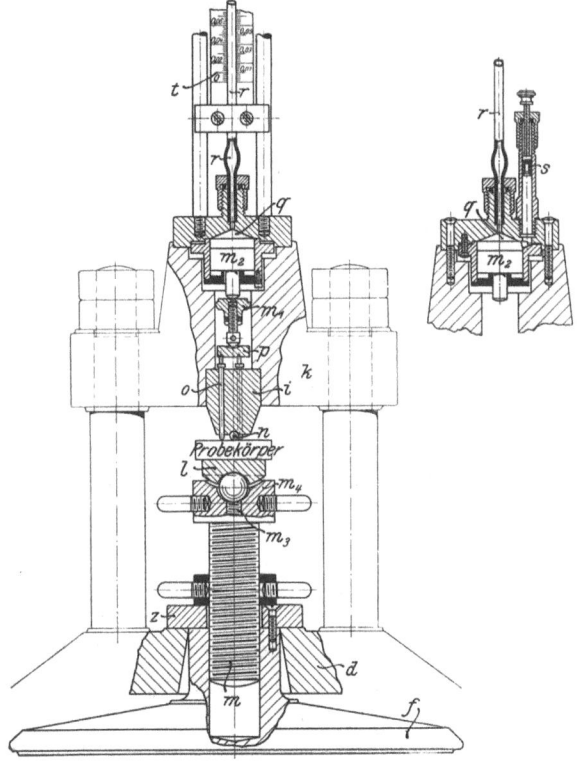

Fig. 3 und 4. Meßvorrichtung.

silberdicht eingeschliffen ist. In dem Raum q oberhalb des Kolbens m_2 ist Quecksilberfüllung, die in das Haarröhrchen r hineinragt. Mittels des Stellkölbchens s kann der Quecksilberspiegel in dem Haarröhrchen r auf die Nullstellung gebracht werden. Wird nun unter dem Druck P die Kugel in das Probestück eingepreßt, so werden die Stahlstifte o und mit ihnen in gleichem Maße die gesamten Teile p, m_1, m_2 und q gehoben. Das Quecksilber wird aus dem Raum q zum Teil verdrängt und steigt in dem Haarrohr r um einen Betrag, der an der Skala t abgelesen wird und der in Beziehung zu der Eindringtiefe h der Kugel steht.

Das Haarröhrchen r wird mit Hülfe einer Mikrometerschraube geeicht, die an Stelle des Tisches l auf die Stellschraube m aufgebracht wird und der Vorrichtung beigegeben ist. Sie wird in das Muttergewinde m_3 eingeschraubt und trägt oben einen mit Teilung versehenen Kopf, während der Teil m_4 der Stellschraube m die Nullmarke trägt. Der Kopf der Mikrometerschraube wird durch die Stellschraube m nach oben bewegt, bis er die Stäbchen o des Tiefenmaßes eben anhebt. Das Quecksilber im Haarröhrchen r wird durch den Stellkolben s auf null eingestellt. Man hebt nun durch Drehen des Kopfes der Mikrometerschraube die Stahlstäbchen o um bekannte Beträge und liest den jedesmaligen Stand des Quecksilbers im Haarrohr r ab. Alsdann dreht man die Mikrometerschraube in entgegengesetztem Sinne und wiederholt die Ablesungen während des Niederganges des Quecksilbers. Das von der Firma Schopper gelieferte Haarrohr war so sorgfältig ausgewählt, daß die Skala t ohne weitere Berichtigung sofort das Maß der Hebung der oberen Fläche des Probekörpers gegenüber der Anfangstellung in mm angibt.

Ursprünglich war als Füllflüssigkeit im Raum q nicht Quecksilber sondern eine gefärbte alkoholische Lösung vorgesehen. Außerdem war an Stelle des Kolbens m_2 eine Membrane vorhanden[1]), die die Flüssigkeitsverdrängung besorgen sollte. Diese Einrichtung wurde verlassen, weil sich infolge der Veränderung der Membrane die Nullstellung des Flüssigkeitsspiegels während der Versuchsausführung änderte. Außerdem war die Ablesung der Höhe des Flüssigkeitsspiegels im Haarröhrchen ungenau wegen des Nachfließens der Flüssigkeit an den Wänden.

Die jetzige Einrichtung von Schopper mit eingeschliffenem Kolben m_2 und Quecksilberfüllung hat sich gut bewährt. Es entsteht zwar infolge der Quecksilbersäule ein Gegendruck auf den Probekörper, der dem Druck P entgegenwirkt. Dieser ist aber bei der größten Eindrucktiefe h nicht größer als 3 kg, und bei kleineren Eindrucktiefen erheblich geringer, so daß er vernachlässigt werden kann. Die elastischen Formveränderungen innerhalb des Tiefenmessers, die sich unter dem genannten Druck einstellen können, z. B. durch elastische Zusammendrückungen der Stäbchen o oder durch elastische Formveränderungen der Spitzenlagerung der Platte p, können das Ergebnis der Tiefenmessung nicht beeinflussen, da sie bei der Eichung der Skala t mittels der Mikrometerschraube bereits berücksichtigt sind.

B) Prüfungsergebnisse mit dem Härteprüfer, Bauart Martens.

Uebt man auf einen Probekörper einen Druck P mittels der Kugel aus, so gibt das Quecksilber im Tiefenmesser einen Anstieg von h' in mm an. Dieser Anstieg h' ist nun aber nicht ohne weiteres gleich der bleibenden Eindringtiefe h der Kugel, sondern in dem Wert h' sind außer h noch die Beträge h_ε für elastische Formänderungen im Apparat und für die elastische Höhenverminderung der Kugel enthalten. Auch die elastische Eindrückung des Probekörpers kann gegebenenfalls noch hinzukommen. Das Tiefenmaß mißt ja weiter nichts als den Betrag, um den die obere Fläche des Probekörpers gegenüber der Anfangsstellung gehoben ist. Solches Anheben kann aber außer durch den bleibenden Kugeleindruck h durch die drei genannten elastischen Wirkungen erfolgen.

Drückt man in irgend einen Stoff die Kugel unter wachsendem Druck ein, so wird die Beziehung zwischen Druck P und Stellung des Tiefenmaßes durch die Kurve OA in Fig. 5 dargestellt, worin der Druck als Ordinate, die Stellung des Tiefenmaßes als Abszisse verwendet ist. Im Punkte A entspricht dem Drucke P die Stellung des Tiefenmaßes h'. Schließt man nun den Wasserzufluß und öffnet allmählich den Wasserauslaß, so sinkt der Druck nach Maßgabe der Manometeranzeige, gleichzeitig sinkt das Quecksilber im Tiefenmaß. Die Entlastungskurve AB ist aber eine wesentlich andere als die Belastungskurve OA. Der Quecksilberspiegel sinkt bei der Entlastung allmählich und bleibt beim Druck null längere Zeit in der Höhe h entsprechend dem Punkte B stehen. Erst nach einiger Zeit sinkt bei voll geöffnetem Ausfluß der Quecksilberspiegel weiter bis auf 0. Die Strecke $OB = h$ entspricht der wirklichen bleibenden Ein-

---

[1]) Eine ähnliche Einrichtung hat bereits Reinecker-Chemnitz für seine Meßmaschinen benutzt.

drucktiefe der Kugel. Der Betrag $BC = h_\varepsilon$ entspricht den elastischen Formänderungen des Apparates, der Kugel und des Probekörpers selbst.

Daraus folgt, daß man zur Ermittelung der bleibenden Eindrucktiefe h, die einem bestimmten Druck P entspricht, jedesmal bis zu P belasten und darauf wieder entlasten muß. Der Stand des Quecksilbers im Tiefenmaß gibt bei Entlastung die Eindrucktiefe h an. — Damit das Tiefenmaß im Punkte B vorübergehend stehen bleibt, ist es vorteilhaft, die Ausflußöffnung des Abflußrohres etwas

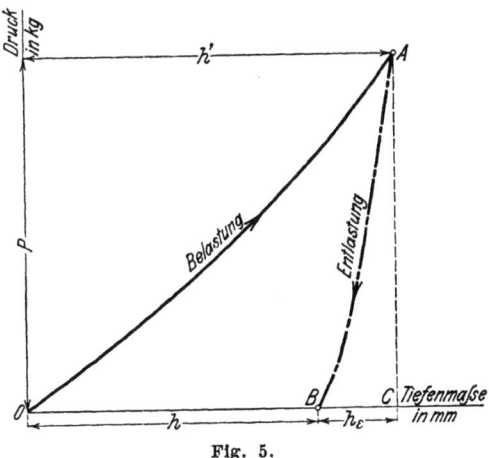

Fig. 5.

tiefer zu legen als die Lederscheibe im Druckerzeuger. Geschieht dies nicht, so bleibt Kolben f und mit ihm das Tiefenmaß unter dem Druck der Abflußwassersäule stehen, und der Punkt B wird undeutlich, da das kennzeichnende schnelle Absinken des Quecksilbers nach längerem Stillstand bei B nicht eintritt.

Zur Kontrolle der Lage des Punktes B kann man noch folgendermaßen verfahren: Mittels der Stellschraube m senkt man den Probekörper so weit, daß er ganz außer Berührung mit der Kugel tritt. Alsdann schraubt man ihn mittels der Stellschraube m wieder hoch, bis zwischen Kugel und Eindruck eben wieder Fühlung erfolgt. Der Stand des Quecksilbers im Tiefenmesser ist dann wieder gleich h. Statt die Fühlung zwischen Kugel und Eindruck von Hand herbeizuführen, kann man sie auch dadurch erzeugen, daß man gleichzeitig Abfluß- und Zuflußhahn für das Wasser öffnet. Der geringe Andruck, der am Manometer nicht ablesbar ist, genügt, um die Quecksilbersäule wieder auf die dem Punkte B in Fig. 5 entsprechende Höhe heraufzubringen.

Wie man sieht, ist es für die Handhabung des Härteprüfers nicht erforderlich, über die elastischen Formänderungen h_ε Ermittelungen anzustellen, da man sie ausschalten kann. Da aber über das Größenmaß der elastischen Formänderung der Kugel in der Literatur recht unklare Anschauungen herrschen, soll hierauf etwas näher eingegangen werden, zumal der Härteprüfer bequem darüber Aufschluß gibt.

Zunächst kommt die elastische Formänderung des Apparates in Betracht, die mit h_a bezeichnet wird. Sie ist für jede Belastung P eine gegebene, dem Apparat eigentümliche Größe. Sie wurde auf folgende Weise ermittelt (vergl. Fig. 6). Zwischen den Kugelhalter i und den Tisch l wurde nach Entfernung der Kugel ein Probekörper aus gehärtetem Werkzeugstahl gelegt. Der Stahlkörper war mit einer Ringnut versehen, in die sich die Stäbchen o des Tiefenmessers einlegen konnten. Die Nut war nötig, damit der Quecksilberspiegel auf null eingestellt werden konnte, wenn der Probekörper oben gegen den

Kugelhalter i drückte. Wurde hierauf der Druck P gesteigert, so hob sich der Probekörper um einen kleinen, der elastischen Formänderung des Apparates entsprechenden Betrag h_α. Die Werte für h_α ergeben sich aus Fig. 7. Bei $P = 1000$ kg beträgt h_α etwa 0,014 mm.

Um einen Ueberblick über das Maß der elastischen Formänderung der Stahlkugel zu erlangen, wurde folgende Ueberlegung an Hand der Fig. 8 durchgeführt. Man kann sich den Vorgang beim Einpressen der Kugel zeitlich zerlegt denken. Zunächst werde die Kugel um den Wert b elastisch abgeplattet. Dabei geht ihr Halbmesser an der Eindruckstelle von dem Betrag $r = 2{,}5$ mm auf einen höheren Wert $R > 2{,}5$ über, wie der in Fig. 8 gestrichelte Kreis an-

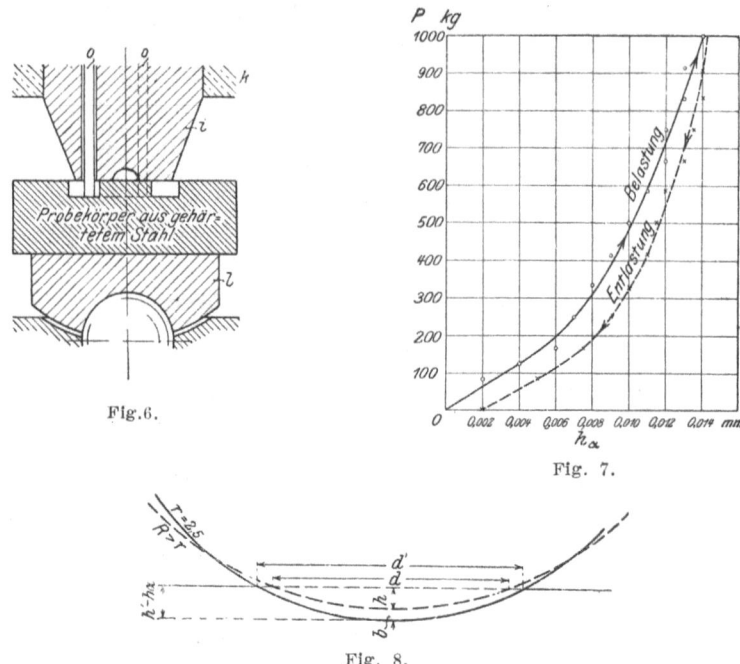

Fig. 6.

Fig. 7.

Fig. 8.

deutet. Alsdann erfolge die Erzeugung des bleibenden Eindrucks mit der Tiefe h, wobei die Kugel als nicht weiter elastisch veränderlich aufgefaßt wird[1]). Nach Entlastung der Kugel verschwindet b wieder, und es hinterbleibt nur h, das sowohl mittels des Härteprüfers als auch mit Hülfe des Mikroskops feststellbar ist. Vor der Entlastung gab der Tiefenmesser die Tiefe h' an. Zieht man von h' die der elastischen Formänderung des Apparates h_α unter der Last P entsprechende Größe ab (vergl. Fig. 7), so hat man

$$h' - h_\alpha = b + h$$

und

$$b = h' - h - h_\alpha \quad \ldots \ldots \ldots \ldots (5).$$

In diesem Ausdruck sind alle rechts stehenden Größen der Messung zugänglich.

Der unter dem Mikroskop nachträglich meßbare Durchmesser des Eindruckkreises ist d. Die Werte d und h bestimmen eine Kugelkalotte, die zu einer Kugel vom Halbmesser $R > 2{,}5$ mm gehört. Wenn auch die Abplattung der

---

[1]) Die elastische Zusammendrückung des Probekörpers kann vernachlässigt werden, da sie, nachdem einmal bleibende Eindrücke entstanden sind, sehr klein sein wird.

Kugel nicht notwendigerweise an der Eindruckstelle zu einer Kugel größeren Halbmessers führt, so kann man sich doch die Abplattung durch eine Kugel angenähert ersetzt denken, deren Halbmesser R dem Krümmungshalbmesser des Eindruckes entspricht. Werden die Größen h (mittels des Martensschen Härteprüfers oder mit dem Mikroskop) und d unter dem Mikroskop gemessen, so kann man den Krümmungshalbmesser R des Eindruckes berechnen:

$$R = \frac{d^2}{8h} + \frac{h}{2} \quad \ldots \ldots \ldots \ldots (6).$$

Zahlentafel I.
Geschmiedeter Werkzeugstahl S 772. Druck mit 5 mm-Kugel.

	beobachtete Werte					berechnete Werte	
P	h'	h [1])	h [2])	h_a	d [2])	b	R
kg	mm	mm	mm	mm	mm	mm	mm
250	0,088,5	0,044,5	0,044,5	0,008	[1,074][3])	0,036	[3,29]
500	0,155	0,087,5	0,088	0,011	1,460	0,056	3,10
750	0,214	0,130	0,133	0,013	1,746	0,071	3,00
1000	0,271	0,172	0,172	0,014	1,985	0,085	2,95
1250	0.325	0,209	0,209	[0,015][4])	2,186	[0,100]	2,95

[1]) gemessen mittels des Härteprüfers, Bauart Martens.
[2]) gemessen unter dem Mikroskop. Nicht zur Berechnung von b und R verwendet.
[3]) wegen undeutlicher Abgrenzung des Eindruckes nicht genau meßbar.
[4]) extrapoliert.

In Zahlentafel I sind die nach Formel (5) und (6) berechneten Werte b und R für einen geschmiedeten Werkzeugstahl zusammengestellt. Es zeigt sich, daß die elastische Abplattung b der Kugel ganz erhebliche Werte annimmt. Bei 250 kg Druck beträgt die Abplattung etwa 80 vH der bleibenden Eindrucktiefe h, mit wachsendem Druck nimmt sie ab und erreicht bei 1250 kg Druck etwa 30 vH. Parallel damit geht der Wert des Krümmungshalbmessers R der Eindruckkalotte. Er ist bei 250 kg Druck um etwa 32 vH, bei 1250 kg Druck um etwa 16 vH größer als der Halbmesser der unbelasteten Kugel.

Damit nicht der Irrtum entsteht, daß bei größeren Kugeln die elastische Formänderung der Kugel weniger kräftig sei, soll noch eine Versuchsreihe mit dem gleichen Stahl wie oben (S 772) unter Verwendung einer 10 mm-Kugel mitgeteilt werden. Der Druck wurde mit dem Druckerzeuger des Martensschen Härteprüfers erzeugt. Die Kugel kam in eine besondere Platte aus gehärtetem Stahl, die sich gegen das Kugelfutter i lehnte. Die Eindrucktiefen konnten natürlich nicht mit dem Tiefenmesser festgestellt werden, da dieser nur für 5 mm-Kugeln eingerichtet ist. Sie wurden ebenso wie die Eindruckdurchmesser unter dem Mikroskop gemessen. Zahlentafel II enthält die Ergebnisse. Die Abplattung b ließ sich nicht berechnen, da h' nicht ermittelt werden konnte. Dagegen war R aus h und d feststellbar.

Die Abplattung der 10 mm-Kugel ist somit, nach dem Krümmungshalbmesser R zu urteilen, noch stärker als bei der 5 mm-Kugel. Der Krümmungshalbmesser R ist bei $P = 250$ kg um 86 vH, bei etwa 3000 kg Druck um 19 vH größer als der Halbmesser r der unbelasteten Kugel.

Hieraus folgt ohne weiteres, daß es nicht zweckmäßig ist, nach dem Beispiel von Brinell d zu messen und unter der nicht zutreffenden Voraussetzung, daß der Krümmungshalbmesser R gleich dem Halbmesser r der unbelasteten

Zahlentafel II.
Geschmiedeter Werkzeugstahl S 772.
Druck mit 10 mm-Kugel.

beobachtete Werte			berechnete Werte	
P	h	d	R	$\dfrac{R-5}{5} \cdot 100$
kg	mm	mm	mm	vH
250	0,020	[1,220)[1]	[9,31]	86
375	0,035	1,455	7,57	52
500	0,048	1,641	7,02	40
667	0,060	1,853	7,20	44
nicht bestimmt	0,145	[2,548][1]	[6,32]	26
desgl.	0,161	[2,828][1]	[6,29]	26
»	0,212	[3,101][1]	[5,77]	15
»	0,245	[3,391][1]	[5,99]	20
desgl., etwa 3000	0,283	[3,633][1]	[5,96]	19

[1] wegen unscharfer Umgrenzung des Eindruckes nicht genau meßbar.

Kugel ist, eine der Wirklichkeit nicht entsprechende Eindrucktiefe h_x zu berechnen, die dann ihrerseits wiederum zur Berechnung der Oberfläche einer in Wirklichkeit nicht vorhandenen Kalotte dient, und nun den Flächendruck auf diese imaginäre Fläche als Härte zu bezeichnen.

Es folgt ferner aus dem oben Gesagten, daß entgegen der Meinung E. Meyers[1]) sehr erhebliche elastische Formänderungen der Kugel auftreten können. Die Art, wie Meyer die elastische Formänderung der Kugel festzustellen glaubte, ist nicht einwandfrei, da die Formänderung in der Aequatorzone der Kugel trotz ziemlich starker Abplattung an den Polen sehr schwach sein kann und leicht unter den Meßbereich der Mikrometerlehre fällt. Durch einen Versuch mit einem Gummiball kann man sich leicht hiervon überzeugen.

Werden weichere Stoffe mit der Kugel gedrückt, so wird die elastische Kugelabplattung geringer. So ist z. B. bei der Prüfung eines weichen Flußeisens (S 660) unter Drücken von 83 bis 250 kg der Krümmungshalbmesser R des Eindruckes nur etwa 4 vH größer als der Halbmesser der unbelasteten 5 mm-Kugel. Die Kugelabplattung b betrug in Prozenten von h:

P	$\dfrac{b}{h} \cdot 100$
83 kg	24 vH
166 »	18 »
250 »	16 »
500 »	12 »
750 »	11 »

Es entsteht nun die Frage, in welcher Weise die durch den Martensschen Prüfer gemessene Eindrucktiefe h zur Kennzeichnung der Härte verwendet werden kann.

Man könnte nach Brinell als Härtemaßstab den Quotienten $\dfrac{P}{2\pi r h}$ verwenden, worin r der Halbmesser der unbelasteten Kugel ist. Der Wert $2\pi r h$

---

[1]) Untersuchungen über Härteprüfung und Härte, Zeitschrift des Vereines deutscher Ingenieure 1908 S. 648.

entspricht aber hierbei nicht mehr der Oberfläche der Eindruckkalotte, die ja durch den Ausdruck $2\pi Rh$ dargestellt wird, wo R der mit P veränderliche Krümmungshalbmesser des Eindruckes ist. In dem Ausdruck $\frac{P}{2\pi rh}$ tritt somit r als willkürliche Konstante auf. Es liegt also nahe, einfach das Verhältnis zwischen Druck P und Eindringtiefe h als Härtemaßstab zu benutzen. Da dies Verhältnis mit dem Halbmesser der Kugel veränderlich sein wird, ist es zweckmäßig, nur eine bestimmte Kugel für die Versuche zu benutzen, und zwar die 5 mm-Kugel, für die der Apparat gebaut ist. Größere Kugeln zu verwenden, würde den Vorteil des Härteprüfers, daß er sein Druckwasser aus jeder gewöhnlichen Wasserleitung entnehmen kann, vermindern.

Trägt man für verschiedene Stoffe P als Ordinate zu der Eindrucktiefe h als Abszisse auf, so erhält man, wie die Fig. 11 bis 21 zeigen, Kurven nach Art des Schemas in Fig. 9, d. h. die Fortsetzung der Kurven geht durch den Koordinatenanfang. Für niedrige Drücke schmiegt sie sich an eine Gerade $\mathfrak{G}$ an; bei höheren Drücken weicht sie von der Geraden $\mathfrak{G}$ meist nach oben, in einem der untersuchten Fälle nach unten ab, Fig. 13, Kurve I.

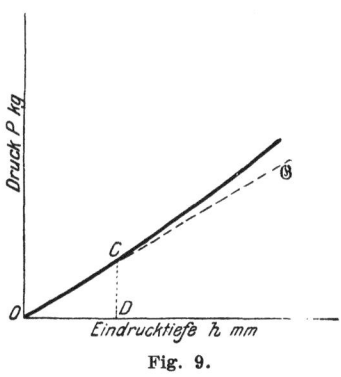
Fig. 9.

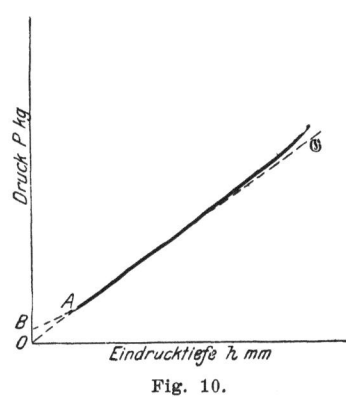
Fig. 10.

Es ist ausdrücklich gesagt, daß die Fortsetzung der Kurve nach der Richtung der niedrigen Drücke zu durch den Koordinatenanfang geht. Praktisch läßt sich zurzeit mit Hülfe des Prüfers die Eindrucktiefe h nur bis zu etwa 40 kg Druck herunter feststellen, so daß es offen bleiben muß, ob die Kurve $P = f(h)$ tatsächlich durch den Nullpunkt geht. Wahrscheinlicher ist, daß sie bei sehr kleinen Drücken nach AB, Fig. 10, von der Geraden etwas abweicht. Sicher ist aber, daß die Kurve innerhalb des Bereiches der meßbaren Eindrucktiefen und Drücke mit ihrer Tangente $\mathfrak{G}$ auf größerer Strecke zusammenfällt. Es ist somit nicht nötig, die ganze Funktion $P = f(h)$ als Kennzeichen der Härte festzustellen, sondern es genügt, für irgend eine sehr kleine Eindrucktiefe h_n, die kleiner ist als OD in Fig. 9, für die also $P = f(h)$ noch genügend genau als Gerade aufgefaßt werden kann, den Druck P zu ermitteln. Für den Apparat und für die 5 mm-Kugel hat sich $h_n = 0{,}05$ mm als zweckmäßig und dieser Bedingung entsprechend herausgestellt. Dementsprechend wird als Härtemaßstab angegeben der Druck $P_{0,05}$, der nötig ist, um eine Stahlkugel von 5 mm Durchmesser 0,05 mm tief in das Material einzudrücken.

Zu den in den Fig. 11 bis 21 niedergelegten Untersuchungsergebnissen der Härteprüfung mittels des Martensschen Härteprüfers ist noch folgendes zu bemerken.

Kurve I für 5 mm-Kugel, Eindrucktiefe h mittels Martensschen Härteprüfers bestimmt.

Kurve II für 10 mm-Kugel, Eindrucktiefe h unter dem Mikroskop bestimmt.

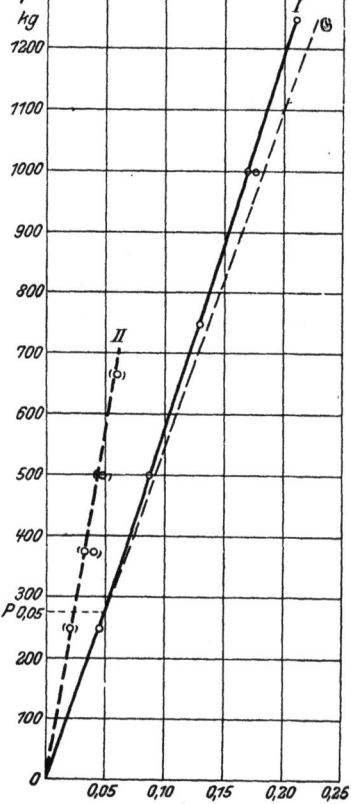

Fig. 11. Geschmiedeter Werkzeugstahl S 772, $P_{0,05} = 277$.

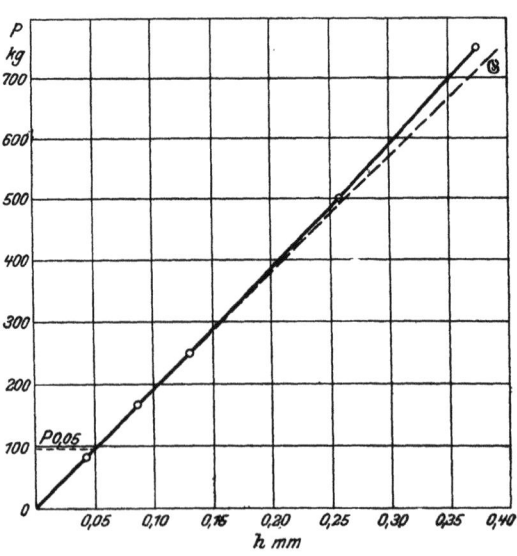

Fig. 12. Kohlenstoffarmes Flußeisen S 660, $P_{0,05} = 98$.

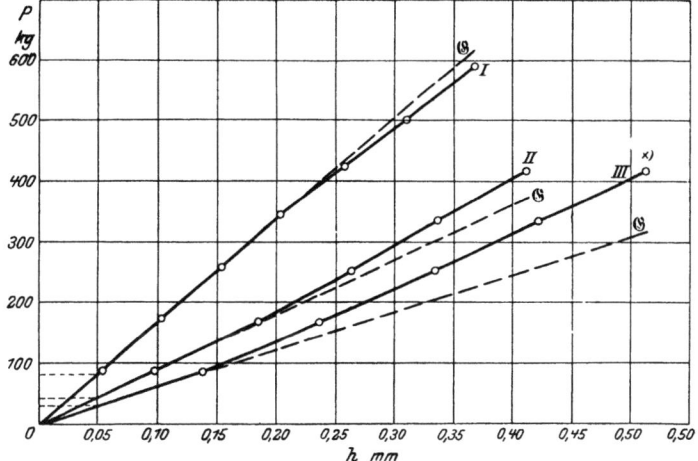

I: Unmittelbar aus einer alten Feuerkiste entnommen. $P_{0,05} = 81$.
II: Desgl. bei 500^0 C $^1/_2$ Std. geglüht und abgeschreckt. $P_{0,05} = 43$.
III: wie I, bei 900^0 C $^1/_2$ Std. geglüht, langsam abgekühlt. $P_{0,05} = 30$.
*) Infolge Ueberhitzung gehen vom Eindrucke zahlreiche feine Risse aus.

Fig. 13. Feuerbüchskupfer.

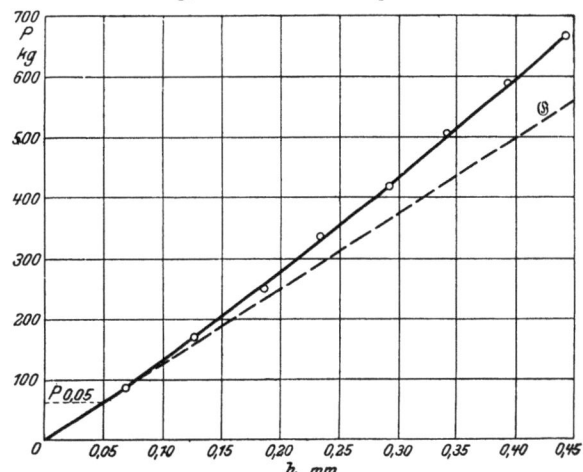

Fig. 14. Messing F 70, gegossen. $P_{0,05} = 61$.

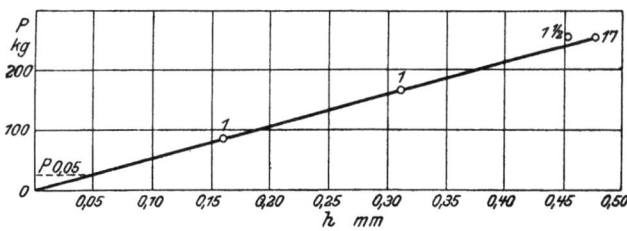

Fig. 15. Magnesium. $P_{0,05} = 26$.

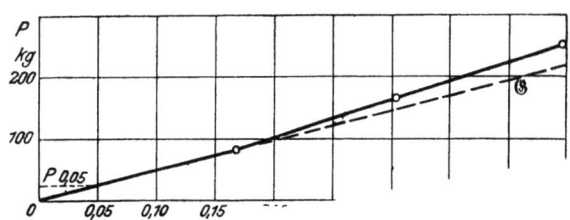

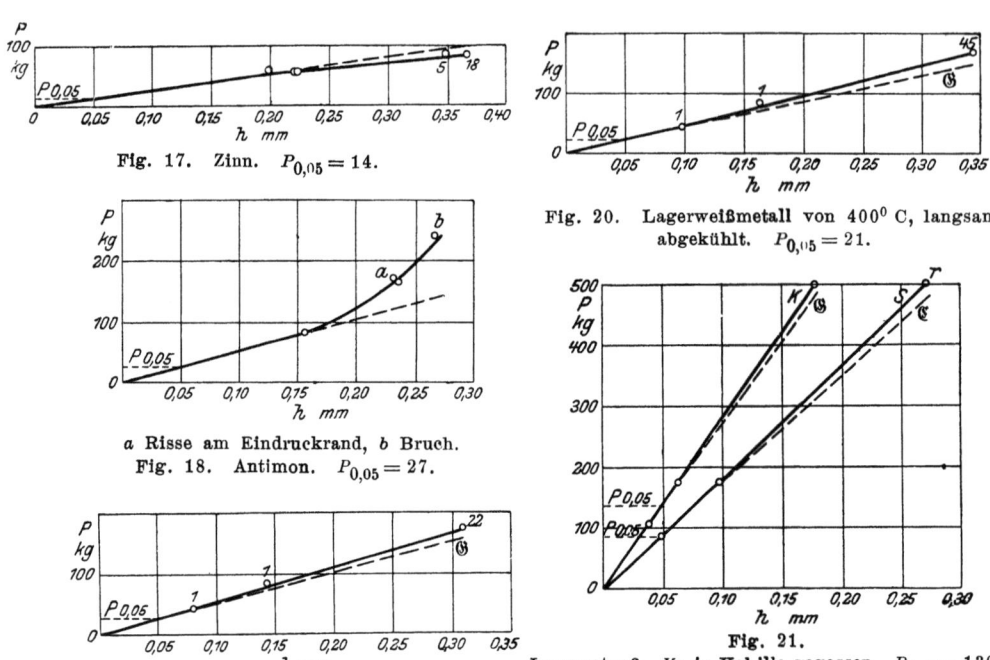

Fig. 17. Zinn. $P_{0,05} = 14$.

a Risse am Eindruckrand, b Bruch.
Fig. 18. Antimon. $P_{0,05} = 27$.

Fig. 19. Lagerweißmetall von 400° C, rasch abgekühlt. $P_{0,05} = 26$.

Fig. 20. Lagerweißmetall von 400° C, langsam abgekühlt. $P_{0,05} = 21$.

Fig. 21. Lagerrotguß. K: in Kokille gegossen. $P_{0,05} = 136$.
S: in Sand gegossen. $P_{0,05} = 83$.
r: feine Risse am Eindruckrand.

Bei einer Reihe von Stoffen wie Zinn, Magnesium und Lagerweißmetall traten ausgeprägte Nachwirkungserscheinungen zutage; d. h. wenn die Kugel unter einer bestimmten Last P in den Stoff eingedrückt und dann der Wasserzufluß abgesperrt wurde, so stellte sich die endgültige Eindrucktiefe nicht sofort ein. Die Kugel drang mit der Zeit immer tiefer in das Metall, was daran erkennbar ist, daß die Quecksilbersäule mit der Zeit weitersteigt. Infolge der Nachgiebigkeit des Stoffes mit der Zeit hebt sich der Druckkolben. Da aber frisches Druck-

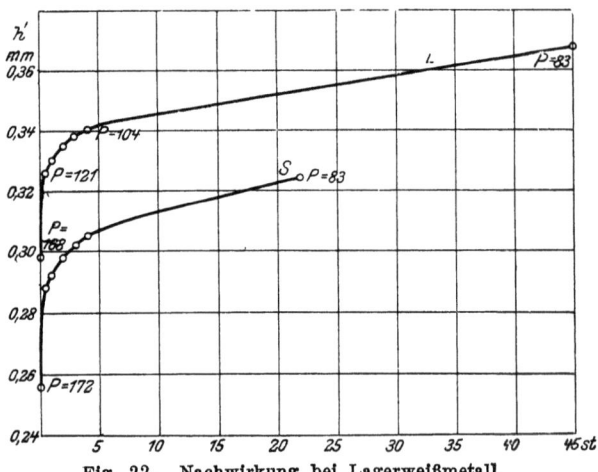

Fig. 22. Nachwirkung bei Lagerweißmetall.

wasser nicht zufließen kann, muß Entlastung bis zu einem bestimmten Grenzwert P_g eintreten. Die Nachwirkung ist viele Stunden lang noch bemerkbar; das endgültige Gleichgewicht wird sehr langsam, wenn überhaupt je erreicht. In den Fig. 15, 17, 19, 20 geben die der Kurve $P = f(h)$ beigeschriebenen Zahlen die Zeit in Stunden an, während der die Nachwirkung abgewartet wurde. In Fig. 22 ist der Verlauf der Nachwirkung für Lagerweißmetall dargestellt. Als

Abszissen sind die Zeiten in Stunden, als Ordinaten die Anzeigen des Tiefenmessers in mm verwendet. Bei der Probe L wurde mit 168 kg gedrückt und dann die Druckwasserzufuhr abgeperrt. Die Quecksilbersäule stand auf 0,298 mm; sie stieg anfangs rasch, in der ersten halben Stunde auf 0,326, also um 0,028 mm, in den folgenden 3 Stunden um weitere 0,014 mm, und schließlich innerhalb weiterer 41 Stunden noch um 0,028 mm, so daß der endgültige Stand der Quecksilbersäule 0,368 mm war. Während dieser Zeit war der Druck auf die Kugel von anfangs 168 kg auf 83 kg gesunken. Alsdann wurde zur Ermittlung von h durch Oeffnen des Wasserabflusses entlastet, wobei die Quecksilbersäule auf 0,344 fiel. Man erkennt, daß man bei Stoffen mit solcher bedeutenden Nachwirkung sehr erhebliche Fehler begehen kann, wenn man die Kraft P nicht lange genug wirken läßt. Dadurch würde aber die Versuchsdauer für die Prüfung erheblich vergrößert. Wenn man jedoch die Eindringtiefe h der Kugel nur klein wählt, wie z. B. 0,05 mm, so ist die Nachwirkung nach einigen Minuten der Druckeinwirkung schon nicht mehr meßbar, sie wird erst bei höheren Drücken merkbar. Darin liegt wieder ein Vorteil der Auswahl des kleinen Druckes $P_{0,05}$ als Härtemaßstab.

Bei Kupfer ist die Nachwirkung gering, wie Fig. 23 zeigt. Sie beträgt innerhalb 20 Stunden bei einem Anfangsdruck $P = 410$ kg nur 0,004 mm, wovon 0,003 mm schon auf die ersten 15 Minuten nach Schluß des Wasserzuflusses entfallen.

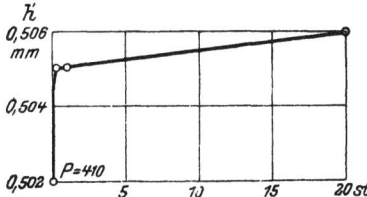

Fig. 23. Nachwirkung bei Kupfer (bei 900° C gekühlt).

Bei Kupfer läßt Fig. 13 den Einfluß der Wärmebehandlung recht deutlich erkennen. Die aus einer alten Feuerkiste entnommene Probe zeigt eine Härte $P_{0,05}$ von 81 kg, was von Kaltstreckung bei der Erzeugung des Bleches oder beim Betrieb der Feuerkiste herrührt. Durch Glühen bei 500° C wird die Härte $P_{0,05}$ auf 43 kg heruntergedrückt, also fast auf die Hälfte. Noch weitere Härteverminderung auf $P_{0,05} = 30$ kg wird erzielt durch halbstündiges Erhitzen des Kupfers bei 900° C. Hierbei tritt aber bereits Ueberhitzung ein, was erkennbar wird an den Rissen, die bei höheren Belastungen P am Eindruckrand auftreten und den Grenzen der groben Kupferkristalle folgen.

Sehr scharf prägt sich bei den Lagermetallen die Einwirkung der Abkühlungsgeschwindigkeit des Gusses in den Härtezahlen aus, und zwar bei dem Lagerrotguß[1]) noch stärker als bei dem Lagerweißmetall, vergl. Fig. 21 und 19, 20.

Beim Lagerrotguß ist die Härte der in Sand gegossenen Legierung nur etwa 61 vH von der Härte des in Kokillen gegossenen Metalles gleicher Zusammensetzung. Beim Weißmetall ist der Unterschied zwar nicht so beträchtlich, die Härte des langsam abgekühlten Gusses ist aber immerhin nur etwa 81 vH von der der schnell abgekühlten Legierung. Hierauf ist bei Herstellung der Lagerschalen zu achten.

---

[1]) Zusammensetzung s. Zahlentafel III.

In Fig. 24 ist zur Ergänzung einer früheren Arbeit[1]) die Aenderung der Härte eines Werkzeugstahles (S 774) schaubildlich dargestellt, der nach dem Abschrecken bei 900° C in Eiswasser auf die als Abszisse verwendeten Anlaßtemperaturen t_a angelassen wurde. Zum Vergleich ist auch die mit dem Martensschen Ritzhärteprüfer[2]) unter einer Belastung der Diamantspitze von 20 g erzielte Ritzbreite in $1/580$ mm dargestellt, wie sie bereits früher[1]) veröf-

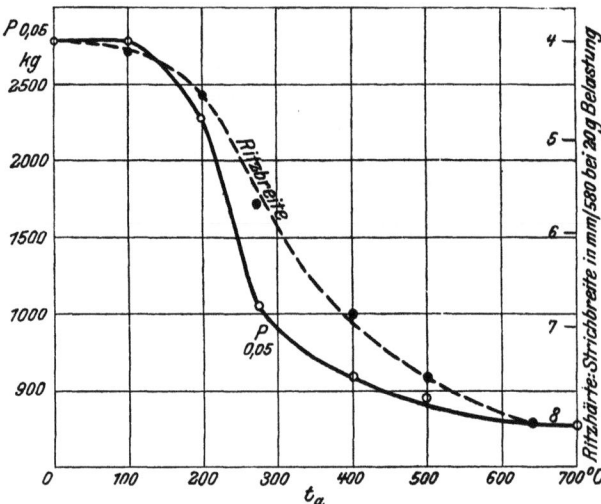

Fig. 24. Werkzeugstahl S 774, abgeschreckt bei 900° C in Wasser und angelassen bei $t_a°$.

fentlicht wurde. Der Verlauf der beiden Kurven ist ähnlich. Die Kugeldruckhärte des angewandten Werkzeugstahles ist im glasharten Zustande etwa das 10 fache von der des geglühten Stahles. Auch bei der Messung so hoher Härten zeigt sich der Vorteil des verwandten Verfahrens. Während bei der Härteprüfung nach Brinell mit hohen Drücken bleibende Abplattung der Kugel und Springen derselben bei glasharten Stählen leicht eintritt, bleibt bei den geringen Eindrucktiefen von etwa 0,05 mm die Kugel völlig unbeschädigt.

In Fig. 11 ist außer der mit dem Martensschen Härteprüfer mit einer 5 mm-Kugel gefundenen Schaulinie I noch die Schaulinie II für eine 10 mm-Kugel eingezeichnet. Der Druck wurde noch mit dem Martensschen Härteprüfer gegeben; dagegen war die Messung der Eindrucktiefe h mittels des Härteprüfers, der nur für 5 mm-Kugel eingerichtet ist, nicht möglich. Sie wurde unter dem Mikroskop gemessen, was nicht mit der Genauigkeit erfolgen kann, die der Martenssche Tiefenmesser zuläßt. Linie II ist so gelegt, daß sie den Winkel zwischen P-Achse und Schaulinie I halbiert; die beobachteten Punkte liegen ziemlich genau in dieser Winkelhalbierung. Daraus würde folgen, daß man bei Verwendung einer 10 mm-Kugel statt der Eindrucktiefe $h = 0{,}05$ mm eine Tiefe $h = 0{,}05 \cdot \dfrac{5}{10}$ zu wählen hätte, um die gleiche Härtezahl zu erhalten, wie bei der 5 mm-Kugel. Ob daraus die allgemeine Regel folgt, daß die Kugeldruckhärten, die mit Kugeln von verschiedenem Halbmesser r_1 und r_2 gemessen sind, gleich sind, wenn sich die (klein vorausgesetzte) Eindrucktiefe verhält wie

$$h_1 : h_2 = r_2 : r_1,$$

---

[1]) »Ueber den inneren Aufbau gehärteten und angelassenen Werkzeugstahles« von E. Heyn und O. Bauer. Mitt. d. Königl. Materialprüfungsamtes Groß-Lichterfelde-West 1906 S. 29.

[2]) Mitteilungen aus den Königlichen Versuchsanstalten 1890 Heft 5; ferner A. Martens, Handbuch der Materialienkunde S. 233 bis 244.

muß noch offen bleiben, da der eine untersuchte Fall auch einem Zufall zu verdanken sein kann. Die Frage ist nicht weiter geprüft worden, da der Härteprüfer für die 5 mm-Kugel ausschließlich bestimmt ist.

Ordnet man die untersuchten Stoffe nach steigender Kugeldruckhärte $P_{0,05}$, so erhält man die in Zahlentafel III niedergelegte Reihenfolge.

Zahlentafel III.

Nr.	Metall und sein Zustand		Kugeldruckhärte $P_{0,05}$ kg	Bemerkung über Zusammensetzung
1	Zinn		14	
2	Lagerweißmetall, langsam abgekühlt		21	Sn 83,1, Sb 11,1, Cu 5,4
3	Aluminium		25	
4	Magnesium		26	
5	Lagerweißmetall, schnell abgekühlt		26	wie 2
6	Antimon		27	
7	Feuerkistenkupfer, bei 900° geglüht		30	
8	desgl. bei 500° geglüht		43	
9	Messing, gegossen (F 70)		61	Cu 69,4. Zn 27,1, Sn 1,2, Pb 1,1, Fe 1,1
10	Kupfer, unmittelbar aus Feuerkiste entnommen		81	das gleiche Kupfer wie 7 und 8
11	Lagerrotguß, in Sand gegossen[1])		83	Cu 83,6, Sn 16,0, Zn 0,2, Pb 0,07, As 0,2
12	Kohlenstoffarmes Flußeisen S 660		98	C 0,07, Si 0,06, Mn 0,10, P 0,010, S 0,019, Cu 0,015
13	Lagerrotguß, in Kokille gegossen[1])		136	dieselbe Legierung wie Nr. 11
14	Werkzeugstahl S772, geschmiedet	°C	277	C 1,03, Si 0,26, Mn 0,19, P 0,02, S 0,03
15		600–700	260–277	
16		500	446	
17	Werkzeugstahl S 774,	400	595	
18	bei 900° C in Wasser	275	1060	C 0,95, Si 0,35, Mn 0,17, P 0,012, S 0,024
19	abgeschreckt und darauf angelassen bei	200	2285	
20		100	2775	
21		nicht angelassen	2775	

[1]) Die Kugeleindrücke waren derart unrund, daß die Messung des Eindruckdurchmessers d unmöglich erschien. Dagegen war h mittels des Härteprüfers bequem meßbar.

Zum Schluß dieses Abschnittes wäre noch zu erörtern, welche physikalische Bedeutung dem Umstand zukommt, daß die Kurve $P = f(h)$ für niedere Drücke sich einer Geraden $\mathfrak{G}$ anschmiegt, die durch den Koordinatenanfang geht und der Gleichung $P = Ch$ genügt, worin C konstant. Setzt man p gleich dem mittleren Flächendruck auf die Fläche des Eindruckkreises $\frac{\pi}{4}d^2$, so ist

$$P = p\frac{\pi}{4}d^2 \quad \ldots \ldots \ldots \ldots (7),$$

worin sowohl p als auch d veränderlich sind. Bezeichnet man wie früher den Krümmungshalbmesser der Eindruckskalotte (nicht den Halbmesser der unbelasteten Kugel!) mit R, so ergibt sich die geometrische Beziehung

$$\frac{d^2}{4} = h(2R - h),$$

und folglich

$$P = \pi p h(2R - h) \quad \ldots \ldots \ldots \ldots (8).$$

Bei sehr kleinen Drücken P und demzufolge auch sehr kleinen Eindrucktiefen h kann die Größe h gegenüber $2R$ in dem Ausdruck $2R-h$ vernachlässigt werden, so daß man angenähert erhält

$$P \infty 2\pi p h R \quad \ldots \ldots \ldots \quad (9).$$

Durch die Versuche, vergl. Fig. 11 bis 21, ist erwiesen, daß unterhalb eines

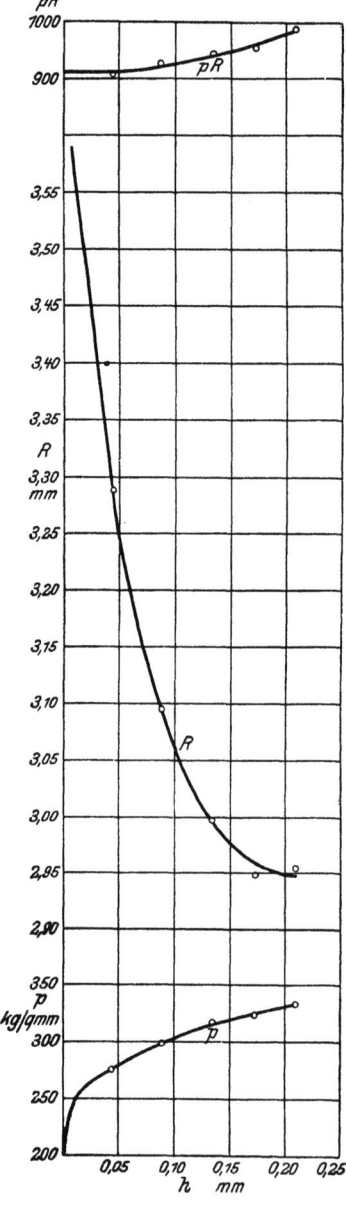

p berechnet mit dem gemessenen P und d nach Formel $p = \dfrac{P}{\dfrac{\pi}{4} d^2}$,

R berechnet mit dem gemessenen d und h nach Formel $R = \dfrac{d^2}{8h} + \dfrac{h}{2}$.

Fig. 25. Stahl S 772.

gewissen Grenzwertes von P und h die Gleichung $P = Ch$ angenähert gültig ist; es folgt also innerhalb der gemachten Einschränkungen

$$pR = \text{Konstante} \qquad \ldots \ldots \ldots \ldots (10),$$

d. h. während der Druck p wächst (s. Fig. 25), muß der Krümmungshalbmesser R rasch abnehmen. Die Konstanz von pR gilt nur bis zu kleinen Eindrucktiefen h, z. B. in dem Falle des Stahles S 772 bis etwa $h = 0{,}07$ mm. Sie gilt aber gerade für diejenigen Eindrucktiefen h, bei denen sich sowohl p als auch R am stärksten ändern. Es besteht also eine ähnliche Beziehung zwischen mittlerem Flächendruck p und dem Krümmungshalbmesser der Kalotte (= Krümmungshalbmesser der Kugel an der Abplattung) wie zwischen Druck und Volumen eines Gases nach dem Mariotteschen Gesetz.

C) Einige Bemerkungen über den Vergleich zwischen Ritzhärte und Kugeldruckhärte.

In seiner bereits früher angeführten Arbeit über Härteprüfung versucht E. Meyer Beziehungen zwischen der Ritzhärte nach Martens und der Kugeldruckhärte zu ermitteln. Es soll hier darauf aufmerksam gemacht werden, daß dieser Versuch jederzeit vergeblich sein wird, solange man nicht ausschließlich

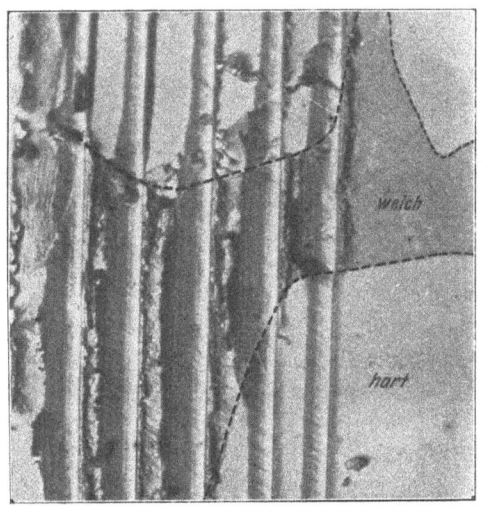

Fig. 26.

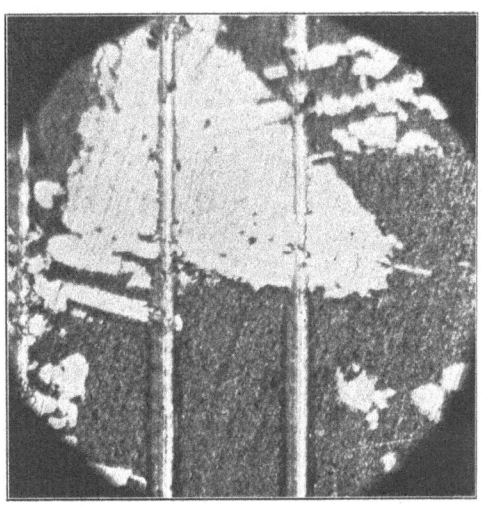

Fig. 27.

homogene Stoffe zur Prüfung heranzieht. Arbeitet man mit Stoffen, die aus zwei oder mehreren Gefügebestandteilen verschiedener Härte bestehen, so ist ein Vergleich beider Verfahren schwerlich möglich. Einer der Hauptvorteile der Ritzprobe liegt gerade darin, die verschiedene Härte der einzelnen Gefügebestandteile beobachten und messen zu können. Die betreffenden Stoffe haben dann aber nach der Ritzprobe nicht eine, sondern mehrere Härten, und es ist nicht ersichtlich, welche von diesen in Vergleich mit der Kugeldruckhärte gesetzt werden soll, die doch den durchschnittlichen Widerstand der verschiedenen Gefügebestandteile gegenüber dem Eindringen der Kugel mißt. Es ist nicht zu vergessen, daß die Ritzbreite ihrer Größenordnung nach wesentlich kleiner sein kann, als die Breite der einzelnen Gefügebestandteile, während der Eindruckdurchmesser bei der Kugelprobe, selbst bei so geringer Eindrucktiefe wie $h = 0{,}05$, bei einer 5 mm-Kugel doch immerhin etwa 1 mm beträgt, so daß in der überwiegenden Mehrzahl der Fälle **mehrere Gefügebestandteile** dem Drucke gleichzeitig ausgesetzt sind. Man erhält somit bei der Kugeldruckprobe den **durchschnittlichen** Widerstand der einzelnen Gefügebildner, bei der Ritzprobe in der Regel die **Einzelwiderstände**. Um das Gesagte zu belegen, sind die Fig. 26 bis 29 gegeben.

Fig. 26 gibt in 365facher Vergrößerung ein Weißmetall wieder, das aus zwei Gefügebestandteilen besteht. Die Ritze wurden mit der Diamantspitze unter 5 g Belastung ausgeführt. Beim Uebertritt der Spitze aus dem harten in den weichen Gefügebestandteil wird die Ritzbreite plötzlich erheblich größer.

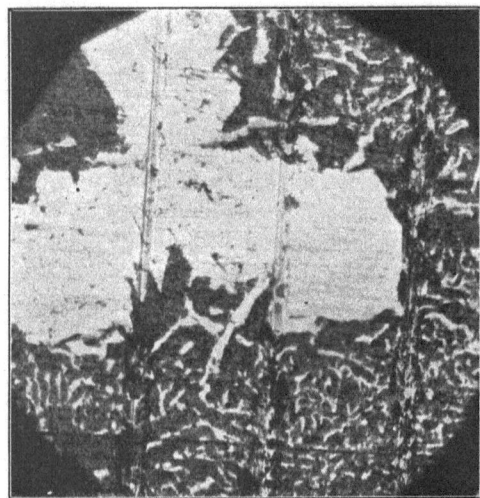
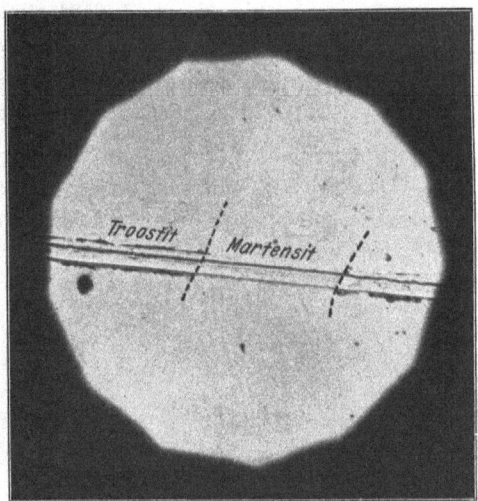

Fig. 28.   Fig. 29.

Fig. 27 bezieht sich auf ein Weißmetall mit Sn: 78,6 vH, Sb: 12,2 vH, Cu: 8 vH, Pb: 1 vH. Die Vergrößerung ist 350fach. Man erkennt deutlich den Unterschied in der Ritzbreite in den verschiedenen Gefügebestandteilen.

Fig. 28 entspricht bei 350facher Vergrößerung einem bleireichen Weißmetall mit Sn: 11,3 vH, Sb: 16,5 vH, Cu: 0,4 vH, Pb: 71,6 vH.

Fig. 29 zeigt in 350facher Vergrößerung einen Ritz durch ein gehärtetes Stahlstück (Stahl S 774). Die Härtung war ungleichmäßig, was daran erkennbar war, daß nach Aetzung Troostitflecken neben Martensit erschienen. Die Figur zeigt den ungeätzten Schliff. An der Stelle, wo der weichere Troostit liegt, ist der Ritz breiter als im Martensit.

D) Vorschrift für die Handhabung des Härteprüfers.

Das Probestück muß eine ebene Fläche erhalten, in die die Kugel eingedrückt werden soll. Es genügt, die Fläche soweit auf einer Schmirgelscheibe vorzuschleifen, daß die Schleifrisse geringere Breite haben als die Auflagerfläche der Stäbchen o des Tiefenmessers, was sich schnell und ohne Mühe erreichen läßt. Hat man Stoffe, die durch Erwärmen verändert werden, z. B. gehärteten Stahl usw., so muß darauf geachtet werden, daß Erwärmung während des Schleifens nicht eintritt.

Mit der geschliffenen Fläche nach oben wird der Probekörper auf den Tisch l, Fig. 1, gelegt. Nach Lösen der Mutter u wird die Probe mittels der

Schraube m gehoben, bis sie die Kugel eben berührt. Alsdann wird Mutter u wieder angezogen. Da Tisch l auf einer Kugel gelagert ist, läßt sich die obere Probenfläche nahezu wagerecht einstellen. Mit dem Stellkölbchen s, Fig. 4, wird das Quecksilber in dem Haarröhrchen des Tiefenmessers auf den Nullpunkt eingestellt. Darauf läßt man durch Oeffnen des Hahnes h Druckwasser unter den Kolben und schließt Hahn h wieder. Am Manometer gibt der Schleppzeiger die Gradzahl z an. Der ausgeübte Druck P ist dann $\frac{25}{3} z$ in kg. Sodann wird der Wasserablaßhahn h_1 allmählich geöffnet. Die Quecksilbersäule, die um den Betrag h' über den Nullpunkt gestiegen war, sinkt und bleibt dann eine Weile auf dem Wert h stehen, der der Eindrucktiefe in mm entspricht. Nach einiger Zeit sinkt das Quecksilber rasch weiter. Man kann dann die Stellung h des Quecksilbers dadurch kontrollieren, daß man bei gelöster Mutter u Schraube m mit der Probe wieder gegen die Kugel anhebt, bis eben zwischen Kugel und Eindruck Fühlung erfolgt. Das Quecksilber muß dann wieder die Höhe h anzeigen. Man kann auch so verfahren, daß man nach dem Sinken des Quecksilbers während der Entlastung bis auf den Nullpunkt Hahn h und h_1 zugleich öffnet. Der schwache Andruck genügt, um die Fühlung zwischen Kugel und Eindruck wieder herzustellen. Das Quecksilber steigt wieder auf den Wert h.

Man richtet es so ein, daß h etwas oberhalb $0{,}05$ mm liegt. Liegt es darunter, so gibt man in denselben Eindruck einen zweiten Druck P, der h etwas höher als $0{,}05$ mm gibt. Sodann wird durch Interpolation der Wert $P_{0,05}$ für $h = 0{,}05$ mm ermittelt.

1. Beispiel: 1. Druck $z = 10^0$; also $P = \frac{25 \cdot 10}{3} = 83{,}3$ kg; $h = 0{,}061$ mm,

$$83{,}3 : 0{,}061 = P_{0,05} : 0{,}05,$$

$$P_{0,05} = \frac{83{,}3 \cdot 0{,}05}{0{,}061} = \mathbf{68 \text{ kg}}.$$

2. Beispiel: 1. Druck $z_1 = 10^0$, also $P_1 = 83$ kg; $h_1 = 0{,}042$ mm,
2. Druck $z_2 = 20^0$, $P_2 = 167$ »; $h_2 = 0{,}087$ »,

$$\overline{P_1 - P_2 = 84 \text{ kg}; \quad h_2 - h_1 = 0{,}045 \text{ mm}.}$$

$$84 : 0{,}045 = x : (0{,}05 - 0{,}042)$$

$$x = \frac{84 \cdot 0{,}008}{0{,}045} = 15.$$

Mithin ist $P_{0,05} = P_1 + 15 = 83 + 15 = \mathbf{98 \text{ kg}}$.

Vor Inbetriebsetzung des Härteprüfers ist der Raum unter dem Kolben des Druckerzeugers durch den Stutzen a mit Wasser zu füllen. Die Presse wird dabei soweit gekippt, daß Stutzen a sich am höchsten Punkt befindet. Man wartet ab, bis keine Luftblase mehr entweicht und das zufließende überschüssige Wasser ruhig überfließt. Dann verbindet man Stutzen a mit dem Steuergehäuse, das in der Fortsetzung der Achse des Handrades h den Zuflußstutzen besitzt, der mit der Wasserleitung verbunden wird. Besondere Sorgfalt ist ferner noch darauf zu verwenden, daß die Quecksilberfüllung in dem Raum q über Kolben m_2 im Tiefenmesser, s. Fig. 3, luftfrei ist. Man erzielt dies durch wiederholtes Hinauftreiben und Zurücklassen der Quecksilbersäule in dem Haarröhrchen r vermittels des kleinen Stellkolbens s. Solange die Luft nicht entfernt ist, also ein elastisches Luftkissen in q ist, pendelt die Quecksilbersäule beim plötzlichen Absinkenlassen auf und nieder. Dies hört auf, sobald die Luft völlig entfernt ist.

Man achte darauf, daß das Ende des an a_1 anschließenden Wasserabflußrohrs etwas tiefer liegt, als die Grundplatte des Härteprüfers. Liegt der Abfluß hoch, so bleibt immer genügender Wasserdruck unter dem Kolben f des Druckerzeugers, so daß dieser nicht freiwillig nach unten sinkt. Dadurch wird die Messung von h erschwert oder unmöglich. Ferner kann aber noch ein andrer schwerwiegender Fehler entstehen. Nach jeder Pressung bleibt der Kolben in seiner Höchststellung stehen. Wird wieder ein neuer Druck ausgeübt, so steigt er wieder um einen bestimmten Betrag. Dies geht schließlich solange, bis der Kolben f gegen den Deckel d des Druckerzeugers stößt. Dann wird zwar im Manometer Druck angezeigt, die Probe ist aber durch den Anschlag verhindert, gegen die Kugel vorzudringen. Die gemessene Größe h steht in gar keiner Beziehung zum gemessenen Druck P. Man erkennt den Uebelstand leicht daran, daß nach jedem Druck der Ring z, Fig. 3, außer Berührung mit dem Deckel d kommt und erst künstlich heruntergedrückt werden muß. Die oben angegebene Vorsichtsmaßregel (Tieflage des Ausflußrohrs) beseitigt den Uebelstand völlig.

Die Zeit zur Bestimmung der Kugeldruckhärte mittels des Härteprüfers beträgt höchstens 5 Minuten. Die Bedienung ist einfach; die Berechnung beschränkt sich auf eine einfache Interpolation.

Untersuchungen über den Ausfluß komprimierter Luft aus Haarröhrchen und die dabei auftretenden Wirbelerscheinungen.

Von **Wilh. Ruckes.**

Die vorliegende Abhandlung stellt einen Auszug aus der gleichnamigen Dissertation dar, die Ende 1907 im Maschinenlaboratorium des Physikalischen Instituts der Universität zu Würzburg fertiggestellt worden ist. Es handelte sich bei diesen Untersuchungen im wesentlichen darum, festzustellen, ob auch bei strömenden Gasen ähnlich wie bei fließendem Wasser (in Rohren) eine hohe Geschwindigkeit imstande ist, bei einer gewissen Größe die gradlinige Bewegung der einzelnen Flüssigkeits- bezw. Gasteilchen in eine Wirbelbewegung zu verwandeln und hierdurch einen Abbruch des Gültigkeitsbereiches des Ausflußgesetzes hervorzurufen. Wegen nebensächlicher Einzelheiten und Literaturangaben verweise ich auf die Originalabhandlung.

In den Jahren 1883 und 1895 veröffentlichte Osborne Reynolds Abhandlungen über die Bewegungserscheinungen, welche auftreten, wenn Wasser in langen, engen Rohren fließt. Er zeigte durch Versuche und theoretisch, daß es eine Geschwindigkeit gibt, unterhalb deren die einzelnen Wasserteilchen sich parallel der Rohrachse fortbewegen, oberhalb deren aber Wirbel auftreten. Jene Geschwindigkeit bezeichnet Reynolds als kritische Geschwindigkeit und findet hierfür, d. h. für die Stelle, an der die Wirbelbildung auftritt, den Ausdruck:

$$K = 1900 \text{ bis } 2000 = \frac{\varrho\, D\, U_m}{\mu}.$$

Hierin bedeutet
- ϱ die Dichte,
- U_m die mittlere Geschwindigkeit des Wassers,
- μ den Reibungskoeffizienten,
- D den Durchmesser des Rohres.
- K ist eine feste Zahl und hat für kreisförmige Rohre den Wert 1900 bis 2000.

Die in der Zeiteinheit aus dem Rohr austretende Flüssigkeitsmenge ist nun

$$V = \frac{\pi\,(p_a - p_e)}{8\,\eta\, l}\left(r^4 + 4\,\frac{\eta}{\varepsilon}\,r^3\right).$$

Hierbei ist

p_a der Druck am Anfang des Rohres,
p_e der Druck am Ende des Rohres,
$2r$ der Durchmesser des Rohres,
η der Wert der inneren Reibung,
ε der Wert der äußeren Reibung,
l die Rohrlänge.

Bleibt nun die Wandschicht in Ruhe, ist also die äußere Reibung unendlich groß, so fällt das zweite Glied in der letzten Klammer des obigen Ausdruckes fort, und es wird

$$V = \frac{\pi (p_a - p_e)}{8 \eta l} r^4.$$

Die aus dem Haarröhrchen in der Zeiteinheit ausfließende Menge ist also dem die Flüssigkeit treibenden Drucke und der vierten Potenz des Halbmessers des Rohres direkt, der Länge und der inneren Reibungszahl der Flüssigkeit umgekehrt proportional. Schon die Versuche von Hagen und Poiseuille, welche vor Kenntnis der Theorie Versuche über den Ausfluß von Flüssigkeiten durch enge Rohre angestellt haben, führten zu einem ganz entsprechenden Ausdruck wie die letzte Gleichung, weshalb man diese auch wohl das Poiseuillesche Gesetz nennt. Da nun das Poiseuillesche Gesetz zur Voraussetzung hat: alle Flüssigkeitsteilchen bewegen sich parallel der Rohrachse, so folgt aus den Untersuchungen von Reynolds, daß das Gesetz nicht für alle Geschwindigkeiten, also auch nicht für alle Drücke gilt, sondern nur für Geschwindigkeits- und Druckwerte unterhalb der kritischen Geschwindigkeit. Anschließend an die Arbeit von Reynolds habe ich meine Untersuchungen angestellt. Die von O. E. Meyer durchgeführte Theorie des Ausströmens von Gasen durch enge Rohre liefert für die in der Zeiteinheit durchfließende Menge einen Ausdruck, der dem bei Flüssigkeiten entsprechend ist. Es muß jedoch vorausgesetzt werden, daß die Geschwindigkeiten unendlich klein sind, während bei nicht zusammengedrückten Flüssigkeiten die Poiseuillesche Bewegung immer möglich ist. Es muß bei Gasen nur das Volumen unter dem mittleren Drucke $\frac{p_a + p_e}{2}$ gemessen werden.

Später haben dann Springmühl und Obermaier durch ausführliche Versuche gezeigt, daß auch hier der Wert der äußeren Reibung unendlich groß ist. Die benutzten Drücke waren sehr gering.

Wenn nun das Poiseuillesche Gesetz mit mehr oder weniger Genauigkeit auch für Gase gilt, so muß, falls auch hier eine kritische Geschwindigkeit vorhanden ist, unterhalb dieser Stelle das Gesetz gelten, oberhalb nicht mehr.

Als Richtschnur für die Untersuchungen habe ich mir folgende Fragen aufgestellt:

1) Gibt es bei Gasen eine kritische Geschwindigkeit?
2) Wie verschiebt sich diese Geschwindigkeit mit Durchmesser und Länge des Haarröhrchens?
3) Wie verhält sich das Poiseuillesche Gesetz unter- und oberhalb der kritischen Geschwindigkeit?
4) Einfluß des Haarröhrchenmaterials.
5) Abhängigkeit der Durchflußmenge und der kritischen Geschwindigkeit von der Gestalt der Einflußöffnung.
6) Kann man die Wirbel sichtbar machen?
7) Temperaturverlauf längs des Haarröhrchens.

Soviel mir bekannt, sind bis jetzt Untersuchungen über die Wirbelerscheinungen bei Gasen, hervorgerufen durch das Strömen in Haarröhrchen, noch nicht gemacht worden. Mehrfach untersucht ist jedoch schon die Reibungszahl selbst, ihre Aenderung mit Druck und Temperatur. Für die Veränderung der Reibungszahl mit dem Drucke fanden die Beobachter: Innerhalb weiter Grenzen des Druckes ist die innere Reibung der Gase entweder gar nicht, oder doch nur in sehr geringem Grade mit dem Druck veränderlich. Die Ergebnisse in bezug auf die Aenderung mit der Temperatur weichen noch ziemlich voneinander ab; sie stimmen aber darin überein, daß die Zunahme schneller erfolgt, als die Theorie verlangt.

Bei meinen Versuchen habe ich geradlinig ausgestreckte Metall- und Glasröhrchen von folgenden Abmessungen mit kreisförmigem Querschnitt verwendet.

	Länge der Haarröhrchen mm	Durchmesser der Haarröhrchen mm	Druck
Maximum	15 300	4	180 at
Minimum	163	0,123	7 mm H_2O

Beschreibung der Anlage.

Zu der vorliegenden Arbeit wurde die Maschinenanlage des Physikalischen Instituts benutzt. Bei der Ausführung der Versuche habe ich unterschieden

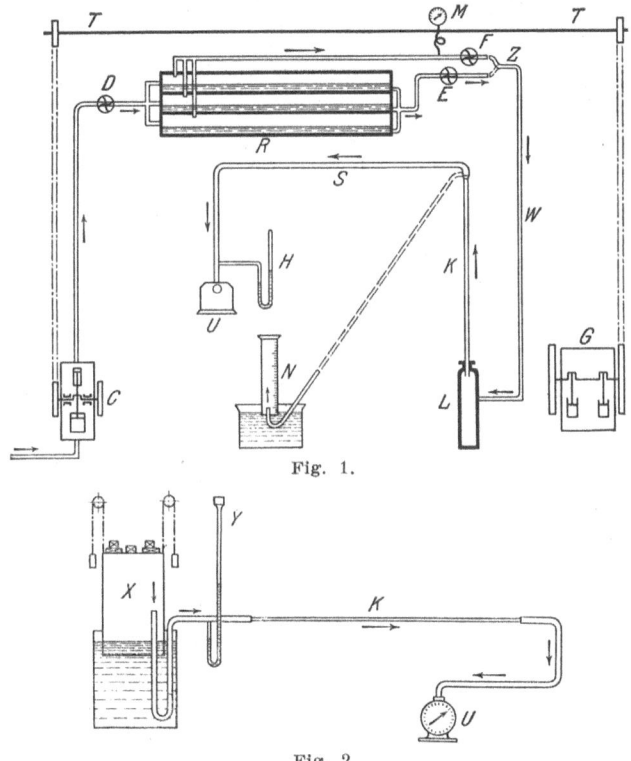

Fig. 1.

Fig. 2.

zwischen einer **Hochdruckanlage**, Fig. 1, und einer **Niederdruckanlage**, Fig. 2.

I) Hochdruckanlage.

Die Luft wird durch den Kompressor C, der von dem Gasmotor G mit Hülfe der Transmission T angetrieben wird, aus dem Freien angesaugt und in den Behälter R gedrückt.

Der Kompressor ist als Stufenkompressor ausgebildet und hat die Abmessungen:

    Hochdruckzylinderdurchmesser . . . . 30 mm,
    Niederdruckzylinderdurchmesser . . . . . . 70 »
    Hub . . . . 50 »
    Umlaufzahl . . . . 400.

Die Anlage läßt eine Kompression bis 200 at Ueberdruck zu. Der Behälter R besteht aus drei übereinandergelagerten Kesseln und ist so eingerichtet, daß man sowohl die komprimierte Luft wie auch das Wasser einzeln entnehmen kann. Der Kompressor läuft zwecks Kühlung unter Wasser und Oel, mithin wird sich stets in jedem der drei Kessel unten das Wasser, darüber die komprimierte Luft befinden. Die drei Wasserräume sowie die drei Lufträume stehen nun je unter sich in Verbindung, so daß es durch Umklappen des Rohrstückes Z möglich ist, durch das Ventil F Luft, durch das Ventil E Wasser in das Haarröhrchen zu schicken. Die Leitung W ist in Wirklichkeit ganz kurz. Der Behälter L dient zur Verbindung des Haarröhrchens K mit dem Rohr W und dem Behälter R. Die Konstruktion von L wird später erörtert. An das Haarröhrchen schließt sich das Expansionsrohr S und an dieses die Gasuhr U an. Vor der Gasuhr ist ein Wassermanometer H. Der erzeugte Kompressionsdruck wird an dem Metallmanometer M abgelesen. D ist ein Absperrventil. An das Ventil F kann für niedrige Drücke (1 at und weniger) ein Reduzierventil angeschraubt werden. In diesem Falle muß man dann für die Druckmessung wegen der Genauigkeit auch noch ein Quecksilbermanometer einschalten. Wenn die durchfließende Menge wegen zu großer Enge des Haarröhrchens zu klein wird, um mit der Gasuhr gemessen zu werden, fängt man die Luft in dem Meßzylinder N über Wasser auf. Hierdurch kann man einige Kubikzentimeter ablesen.

II) Niederdruckanlage.

Diese Anlage ist für Drücke bestimmt, die nur einige Millimeter oder Zentimeter Wassersäule betragen. Aus diesem Grunde ist sie naturgemäß bedeutend einfacher als die Hochdruckanlage.

Die Luft wird komprimiert in dem Gasometer X, geht dann zum Wassermanometer Y und von hier zum Haarröhrchen K. An letzteres schließt sich die Gasuhr U an. Je nach der Menge wurde bald eine große, bald eine kleine Gasuhr benutzt.

Ausführung der Versuche.

Allgemeines.

Bevor ich an die Versuche selbst herangehen konnte, hatte ich in der Anlage viele technische Schwierigkeiten zu überwinden. Hauptsächlich stellten sich mir bei hohen Drücken die Undichtigkeiten in den Weg, die teilweise in den Flanschen, zum größten Teil aber in den Ventilen auftraten. Die Luftventile D und F dichten durch einen Tellerverschluß, Fig. 3, das Wasserventil E durch einen Kegel, Fig. 4. Die Schwierigkeiten in dem Abdichten der Ventile D und F lagen darin, zu dem Dichtungsteller einen Stoff zu finden, der weder zu hart noch zu weich war. Gummi, Blei, Zink, Leder erwiesen sich als zu weich; Kupfer, Eisen als zu hart. Erst in dem Aluminium fand ich das rechte Mittelding. Die Aluminiumdichtungen habe ich $1^1/_2$ Jahr täg-

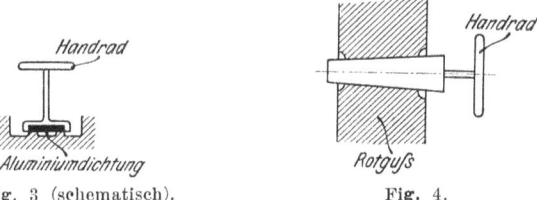

Fig. 3 (schematisch).   Fig. 4.

lich benutzt, und es war bis zum Schlusse dieser Arbeit nicht erforderlich, die Dichtungsteller auch nur ein einziges Mal auszuwechseln.

Für meine persönliche Sicherheit beim Zerspringen eines Glasröhrchens sorgte ich in folgender Weise: das Rohr wurde an den freien Seiten mit Ausnahme der vorderen durch zwei dünne Stahlblechplatten abgedeckt. Vorn an der Beobachtungsseite hingen schwebend, um einem Anprall der Glassplitter nachgeben zu können, zwei übereinandergelegte, feinmaschige Drahtsiebe. Das Röhrchen stand senkrecht, Fig. 5.

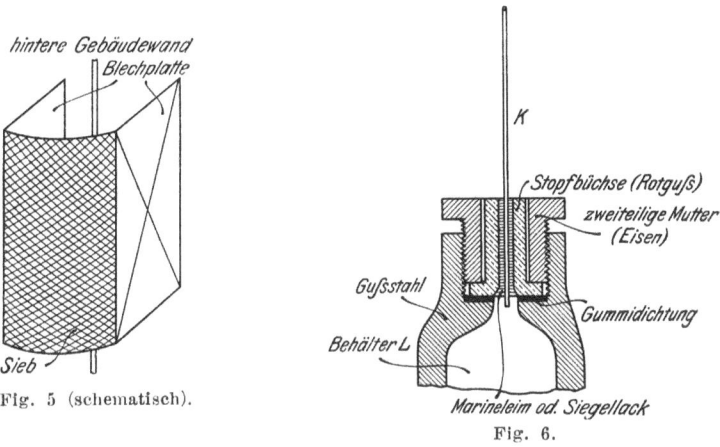

Fig. 5 (schematisch).   Fig. 6.

Die Versuche wurden in der Weise angestellt, daß ich an dem Metall-, Quecksilber- oder Wassermanometer den jeweilig treibenden Druck, an der Gasuhr die in einer bestimmten Zeit durchgeflossene Menge feststellte. Durch Auftragen des Druckes und der Reibungszahl oder des Druckes und der Durchflußmenge erhielt ich dann jedesmal die Stelle der kritischen Geschwindigkeit in der Kurve. Bei kleinen Durchflußmengen, also bei engen Rohren, wählte ich mit Rücksicht auf die Genauigkeit der Gasuhren die Beobachtungszeit größer als bei weiten Rohren. Es war besonders darauf zu achten, daß zwischen Haarrohr und Gasuhr eine sogenannte Expansionsleitung lag, damit die Gasuhr ohne Ueberdruck arbeitete. Die Glasröhrchen sind geliefert von Karl Kramer in Freiburg i/Br. Die Metallröhrchen konnte ich in den für mich notwendigen Weiten in Deutschland nirgendwo erhalten. Ich bezog sie von Kipp & Zonen in Delft (Holland). Die Verbindung der Glasröhrchen K mit dem Behälter L hatte obenstehende Konstruktion, Fig. 6.

Der ganze in Fig. 6 dargestellte Dichtungsverschluß hat sich bei genügendem Anziehen der Mutter als sehr gut bewährt. Das Röhrchen K wurde mittels Marineleim oder Siegellack eingekittet. Nicht ein einziges Mal ist mir während der ganzen Arbeit ein Röhrchen infolge zu hohen Druckes herausgeschleudert worden, ein Beweis für die Zuverlässigkeit der Dichtung. Nur muß das Einkitten bei heißer Stopfbüchse und recht langsam geschehen, damit die Luft entweichen kann. Das Röhrchen war nicht unmittelbar mit dem Expansionsrohr, welches zur Gasuhr führt, verbunden, sondern zwischen Haarröhrchen und Expansionsrohr war noch ein Stück weiten Gummischlauches angebracht. Bei hohen Drücken nämlich gerät das Haarrohr sehr leicht in kleine Schwingungen, weil es senkrecht steht, und bricht dann, wenn es aus Glas besteht, jedesmal ab, sofern es am Ausflußende nicht frei beweglich ist. Auch wäre ohne den Schlauchansatz das Zentrieren zu schwierig, wenigstens bei Glas. Die Expansionsleitung selbst bestand aus Glas.

Vorversuche.

1) Eichen der Gasuhren.

Die beiden Gasuhren wurden hintereinander geschaltet. Die große Uhr war, wie schon erwähnt, vom Gaswerk entliehen und zeigte bei einer Umdrehung 100 ltr an; die kleine Uhr gehörte zum Junkersschen Kalorimeter und zeigte bei einer Umdrehung 3 ltr an. Ich benutzte die kleine Uhr als Präzisionsinstrument. Durch einen meiner Mitarbeiter wurde bei I, Fig. 7, von 5 zu 5 ltr ein Zeichen gegeben. Zu gleicher Zeit las ich die angezeigte Menge bei II ab. Der Unterschied ergab alsdann die Berichtigung; sie ist in Kurve 1, Fig. 8, dargestellt.

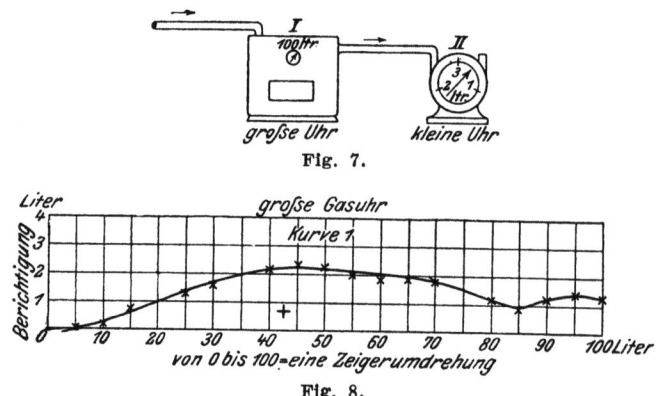

Fig. 7.

Fig. 8.

2) Eichen des Hochdruckmanometers.

Das Hochdruckmanometer ist ein Metallmanometer und läßt einen Druck bis 250 at Ueberdruck zu. Das Eichen geschah in folgender Weise: Durch eine Cailletetsche Pumpe wurde durch Kompression von Wasser der hohe Druck erzeugt und dieser dann nach dem Verfahren von Amagat durch Kolbenübertragung reduziert. Mit der Cailletetschen Pumpe war das zu eichende Metallmanometer, mit dem Amagatschen Apparat das zu vergleichende Quecksilbermanometer verbunden. Beide Pumpen waren hintereinander geschaltet, vergl. Fig. 9.

Während ich den Druck an dem vergleichenden Quecksilbermanometer einregelte und ablas, beobachtete einer meiner Mitarbeiter das zu eichende Metallmanometer. Die übertragende Flüssigkeit bei dem Amagatschen Apparat war Melasse. Höher wie 153 at Ueberdruck konnte ich mit der Cailletetschen Pumpe nicht kommen, weil es wegen ganz geringer Undichtigkeiten nicht möglich war, den Druck für die Beobachtungszeit gleichbleibend zu halten.

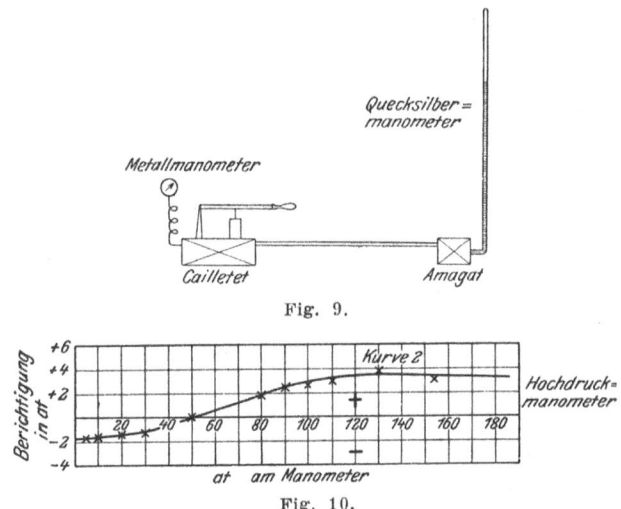

Fig. 9.

Fig. 10.

Wegen näherer Einzelheiten über die Bauart und den Gebrauch der beiden Apparate verweise ich auf Kohlrausch, Lehrbuch der praktischen Physik. Fig. 10 zeigt die Berichtigungskurve.

3) Eichen des Niederdruckmanometers.

Das Niederdruckmanometer war ebenfalls ein Metallmanometer und ließ einen Druck bis zu 12 at zu. Ich habe es jedoch nur bei geringeren Drücken

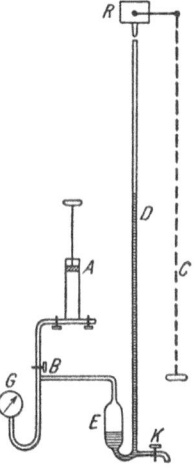

Fig. 11 (schematisch).

verwendet und auch nur für niedrige Drücke geeicht. Letzteres geschah mit dem sogenannten Mariotteschen Apparat, vergl. Fig. 11. Das Verfahren war folgendes:

Wie früher, so wurde auch hier das zu eichende Manometer mit einer Quecksilbersäule verglichen.

Mit der Handpumpe A wurde komprimierte Luft in den Mariotteschen Apparat gedrückt, alsdann der Hahn B geschlossen und durch Ziehen an der Ventilschnur C so viel Quecksilber aus dem kleinen Behälter R in das Manometer D gelassen, bis die Quecksilberoberfläche in dem erweiterten Rohrstück E

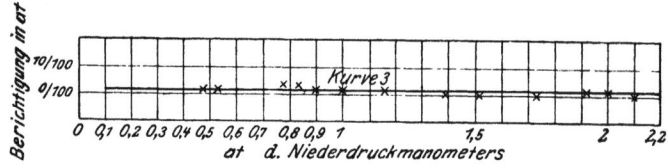

Fig. 12.

sichtbar wurde. Die Quecksilbersäule hält alsdann dem Luftdruck in E das Gleichgewicht. Der Abstand der Quecksilberspiegel in D und E ergibt den Druck, der mit dem zu eichenden Manometer G zu vergleichen ist. Der Hahn B ist eingeschaltet, damit die Luftmenge und der Druck unverändert bleiben; Kahn K dient zum Ablassen des Quecksilbers. Die Berichtigungen sind in Fig. 12 gezeichnet.

Hauptversuche.

1) **Untersuchung der kritischen Geschwindigkeit bei Glasrohren.**

Wie schon erwähnt, wurden die Messungen in der Weise gemacht, daß ich Druck und Durchflußmenge beobachtete. Ich zeichnete hierauf die Volumendruckkurve und erhielt unmittelbar die kritische Geschwindigkeit, indem die Kurve an jener kritischen Stelle einen deutlichen Knick zeigte. Auch einige Werte der

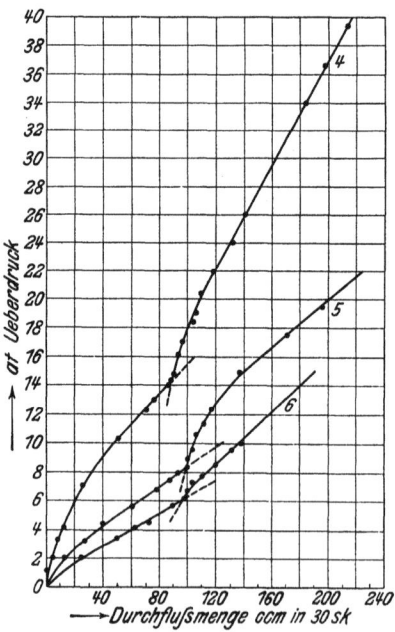

Fig. 13. Glaskapillare. Durchmesser 0,123 mm. Kurve 4: $l = 1055$ mm. Kurve 5: $l = 295$ mm. Kurve 6: $l = 163$ mm. NB. Am Einflußende nicht aufgeblasen.

Reibungszahl habe ich ausgerechnet, und zwar nach dem Poiseuilleschen Gesetz unter der Voraussetzung, daß das Volumen unter dem mittleren Drucke $\frac{p_a + p_e}{2}$ gemessen wird. Naturgemäß bricht dann auch die Druck-Reibungs-Kurve an derselben Stelle wie die Druckvolumenkurve. Ich werde nachfolgend bei dem ersten Haarröhrchen ein Beispiel der Beobachtung in Zahlen angeben und bei den folgenden nur noch die Kurven darstellen, da aus ihnen ja alle Beobachtungswerte ersichtlich sind.

Der Durchmesser des Glasröhrchens wurde durch Quecksilberwägung bestimmt und dann optisch mit dem Mikroskop nachgeprüft. Bei gar zu engen Rohren wurde der Quecksilberwägung eine Berechnung des Durchmessers aus dem Poiseuilleschen Gesetz bei ganz niedrigem Drucke vorgezogen. Das erste Glasröhrchen hatte einen Durchmesser von 0,123 mm und eine Länge von 1055 mm.

Einige Beobachtungswerte. (Hierzu Kurve 4, Fig. 13.) Haarrohr I.

Druck, abgelesen am Manometer at	Druck, berichtigt at	Durchflußmenge ccm	Strömungszeit sk	Bemerkungen
1,0	1,02	2,7	60	
2,11	2,13	4,0	30	
2,52	2,54	5,4	»	
2,90	2,92	6,5	»	
3,40	3,42	7,3	»	
3,63	3,65	9,5	»	
4,00	4,02	11,5	»	
4,40	4,42	12	»	Niederdruckmanometer
4,69	4,71	14	»	
5,01	5,03	15,6	»	
5,50	5,52	17,3	»	
5,80	5,82	19,5	»	
6,18	6,20	22	»	
6,86	6,88	26,8	»	
7,15	7,17	27,6	»	
12,0	10,0	51	»	
13,0	11,2	60	»	
14,1	12,3	70	»	
14,9	13,1	76	»	
16,0	14,2	89	»	
16,2	14,5	90	»	
16,6	15,0	92	»	
18,0	16,2	96	»	
20,0	18,4	103	»	
22,0	20,4	109,5	»	Hochdruckmanometer
23,5	22,0	119	»	
27,5	26,1	140	»	
30,0	28,7	158	»	
32,8	31,7	177	»	
35,1	34,1	183	»	
37,3	36,5	197	»	
40,0	39,3	214	»	
42,0	41,4	224	»	

Die in der Zahlentafel angegebenen Durchflußmengen sind nun ihrerseits wiederum der Mittelwert aus mehreren Messungen. Der Druck blieb nämlich besonders bei engen Rohren längere Zeit unverändert, und während dieser Zeit beobachtete ich dann alle 30 sk die Ausflußmenge.

Wenn z. B. in der Zahlentafel einem Druck von 5,01 at eine Durchflußmenge von 15,6 ccm entspricht, so ist 15,6 ccm der Mittelwert aus den Einzelmessungen:

15 ccm } 30 Sekunden
17 »
16 »   } 30 »
14 »   } 30 »   } Druck 5,01 at
16 »   } 30 »
15 »
16 »
16 »
―――――
15,6 ccm.

Für die Berechnung der Reibungszahl gilt:

$$\eta = \underbrace{\left(\frac{\pi r^4 \, 981}{8\, l}\right)}\left(\frac{p\,t}{v}\right)$$
$$= C \; \frac{p\,t}{v}.$$

(v muß unter dem Drucke $\left(\frac{p_a + p_e}{2}\right)$ gemessen werden.)

Der erste Klammerausdruck bleibt bei demselben Rohr unverändert, es ändert sich mit dem Druck nur der zweite Faktor, die letzte Klammer. Hat man C für ein Rohr berechnet, so folgen die Werte für verschiedene Drücke aus $\eta = C \frac{p\,t}{v}$. Bei dem ersten Rohr war

$$l = 105{,}5 \text{ cm}; \; 2\,r = 0{,}0123 \text{ cm},$$

es wird also

$$C = \frac{3{,}14 \left(\frac{0{,}0123}{2}\right)^4 \cdot 981}{8 \cdot 105{,}5} = 522 \cdot 10^{-11},$$

$$\eta = 522 \cdot 10^{-11} \frac{p\,t}{v}.$$

Nachfolgend einige Zahlenwerte der Reibungszahl bei verschiedenen Drücken, hierzu Kurve 7 in Fig. 14.

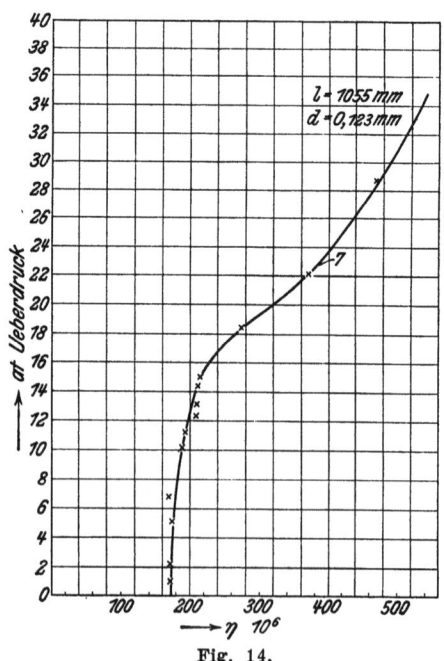

Fig. 14.

Weiter habe ich nun Haarröhrchen von verschiedener Länge und verschiedenem Durchmesser benutzt, um so die Verschiebung der kritischen Geschwindigkeit festzustellen. Die Messungen sind in den Fig. 15 bis 23 niedergelegt und geben durch die Kurven ein deutliches Bild.

Versuchzahlentafel.

Haarrohr Nr.	Durchmesser mm	Länge mm	kritische Geschwindigkeit liegt bei einem Drucke von	Kurve Nr.	Durchflußmenge an der kritischen Stelle in 30 sk	Bemerkungen
1 a	0,125	1055	42,2 at	4	87 ccm	am Einflußende nicht aufgeblasen
1 b		295	8,5 »	5	100 »	
1 c		163	6,3 »	6	98 »	
2 a	0,241	1054	4,5 »	8	0,180 ltr	desgl.
2 b		599	3,6 »	9	0,185 »	
3 a	2,00	15300	260 mm Hg	10	1,45 »	
3 b		12150	234 » »	11	1,47 »	
3 c		9170	182 » »	12	1,50 »	
3 d		6080	133 » »	13	1,51 »	desgl.
3 e		2880	180 » »	14	1,53 »	
3 f		1550	34 » »	15	1,68 »	
3 g		1030	24 » »	16	1,70 »	
4	—	—	—	—	—	nicht gemessen
5	3,80	3120	noch tiefer als 7 mm H₂O	18	—	am Einflußende nicht aufgeblasen
6 a	0,430	1030	2,1 at	19, 22, 24, 27	0,45 ltr	konisch aufgeblasen (jedoch wenig)
6 b		570	1,6 »	20, 23, 25, 28	0,52 »	
6 c		278	1,5 »	21, 26	0,86 »	

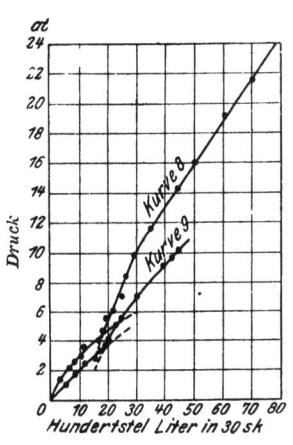

Kurve 8: $d = 0,241$ mm
$l = 1054$ »
Kurve 9: $d = 0,241$ »
$l = 599$ »

am Einflußende nicht aufgeblasen.

Fig. 15.

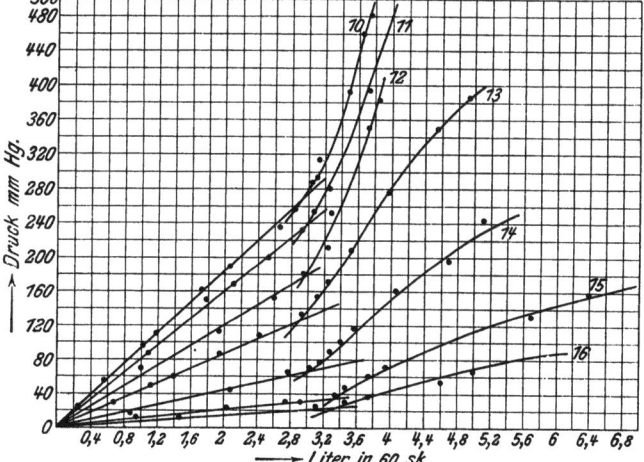

Durchmesser 2,0 mm.

Kurve 10: $l = 15,30$ m Kurve 14: $l = 2,88$ m
» 11: $l = 12,15$ »   » 15: $l = 1,55$ »
» 12: $l = 9,17$ »   » 16: $l = 1,03$ »
» 13: $l = 6,08$ »

Einflußende nicht aufgeblasen.

Fig. 16.

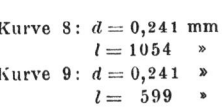

Fig. 17.

Die Haarröhrchen 3a bis 3g wurden auf dem Hofe des Instituts aufgebaut, da mein Laboratorium solche Längen nicht zuließ. Die ganze lange Röhre bestand aus einzelnen ungefähr je 2 m langen Stücken, die mit den Enden genau aneinander stießen und durch Gummi zusammengehalten wurden, Fig. 17.

Ich habe mich durch mehrere Messungen überzeugt, daß der Zusammenstoß der Enden ohne Einfluß blieb, indem ich ein Haarrohr in Stücke zerschnitt und diese dann in der geschilderten Weise wieder zusammenfügte. In beiden

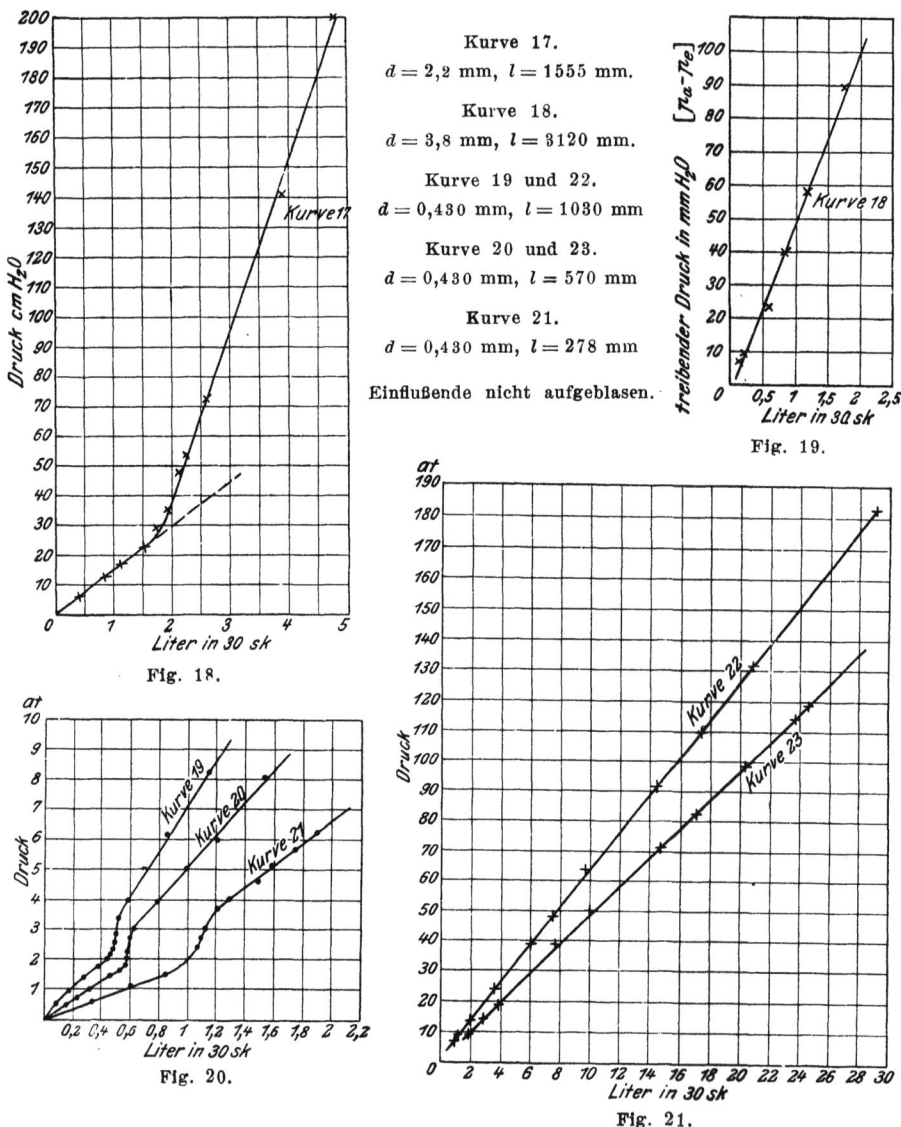

Kurve 17.
$d = 2,2$ mm, $l = 1555$ mm.

Kurve 18.
$d = 3,8$ mm, $l = 3120$ mm.

Kurve 19 und 22.
$d = 0,430$ mm, $l = 1030$ mm

Kurve 20 und 23.
$d = 0,430$ mm, $l = 570$ mm

Kurve 21.
$d = 0,430$ mm, $l = 278$ mm

Einflußende nicht aufgeblasen.

Fig. 18. Fig. 19. Fig. 20. Fig. 21.

Fällen waren die Ergebnisse genau dieselben. Auch eine etwaige Krümmung im Expansionsrohr zwischen Haarröhrchen und Gasuhr war ohne Einfluß. Natürlich muß das Expansionsrohr weit sein im Vergleich zum Haarrohr, besonders bei hohem Druck.

Bei Rohr Nr. 5, Kurve 18, Fig. 19, konnte ich wegen des großen Durchmessers eine kritische Geschwindigkeit nicht feststellen. In der Literkurve ist der

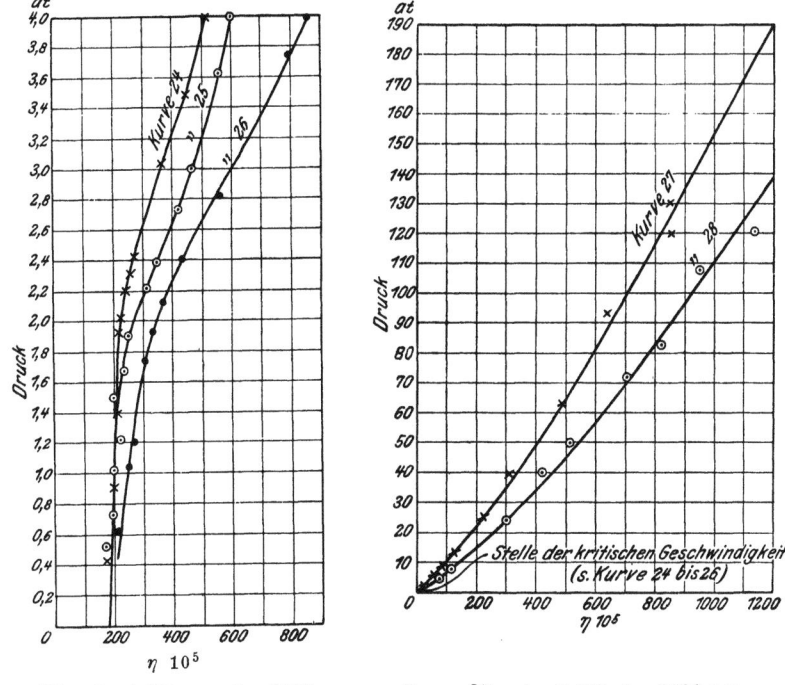

Kurve 24. $d = 0,430$ mm, $l = 1030$ mm. Kurve 27. $d = 0,430$, $l = 1030$ mm.
» 25. $d = 0,430$ », $l = 570$ ».   » 28. $d = 0,430$, $l = 570$ ».
» 26. $d = 0,430$ », $l = 278$ ».

Fig. 22. Fig. 23.

Knick bis 7 mm H_2O abwärts noch nicht aufgetreten und auch die innere Reibung hat hier noch einen Wert, der größer ist als $2000 \cdot 10^{-7}$. Mithin hat das Poiseuillesche Gesetz keine Gültigkeit.

Die folgende Zahlentafel gibt einige Geschwindigkeiten an der kritischen Stelle an:

Rohr Nr.	Durchmesser mm	Länge m	Geschwindigkeit an der kritischen Stelle m
1 a	0,123	1,055	244,33
1 b	»	0,295	280,84
1 c	»	0,163	272,41
2 a	0,241	1,054	131,77
2 b	»	0,599	135,43
3 a	2,0	15,300	15,39
3 b	»	12,150	15,60
3 c	»	9,170	15,92
3 d	»	6,080	15,95
3 e	»	2,880	16,24
3 f	»	1,550	17,82
3 g	»	1,030	18,05

Es zeigt sich, daß der von Reynolds gefundene Ausdruck für die kritische Geschwindigkeit

$$\frac{\varrho D U_m}{\mu} = \infty\, 2000$$

auch auf Gase anzuwenden ist. Ich will hier einige Zahlenwerte dieses kritischen Ausdruckes angeben, wobei ich setze:

$$\mu = 1800 \cdot 10^{-7}$$
$$\varrho = 0{,}0012.$$

Zahlentafel für einige kritische Geschwindigkeiten.

Durchmesser mm	Länge m	$\varrho D U_m / \mu$
0,123	1,055	2003
»	0,295	2302
»	0,163	2234
0,241	1,054	2112
»	0,599	2160
2,0	15,30	2042
»	6,080	2126
»	1,030	2400

2) Untersuchung der kritischen Geschwindigkeit bei Metallrohren.

Der Querschnitt der Metallrohre war nicht so genau kreisrund wie derjenige der Glasröhrchen. Es hängt dies mit der Schwierigkeit der Herstellung von Metallrohren von großer Wandstärke zusammen.

Die Beobachtungen sind wie in 1) so auch hier in Kurven niedergelegt, und zwar in den Fig. 24 bis 27.

Rohr Nr.	Kurve Nr.	kritische Geschwindigkeit liegt bei	Material	Durchmesser mm	Länge m
7	29 und 30	430 mm Hg	Eisen	∞ 0,4	1,480
8	31	nur bei hohem Druck mit Rohr Nr. 7 verglichen	Kupfer	∞ 0,4	1,500
9	32	78 mm H$_2$O	Kupfer	1,95	1,380
10	33	nicht gefunden	Messing	4,0	3,120

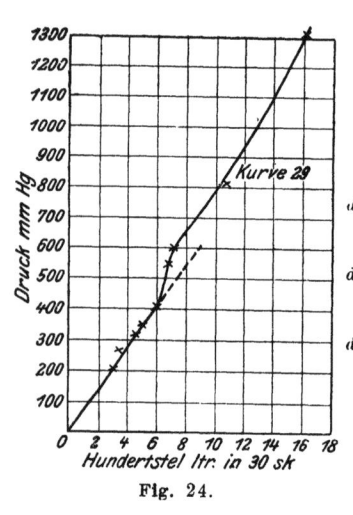

Fig. 24.

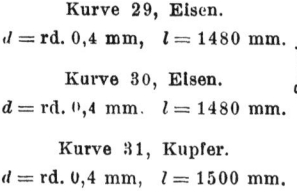

Kurve 29, Eisen.
$d = $ rd. 0,4 mm, $l = 1480$ mm.

Kurve 30, Eisen.
$d = $ rd. 0,4 mm, $l = 1480$ mm.

Kurve 31, Kupfer.
$d = $ rd. 0,4 mm, $l = 1500$ mm.

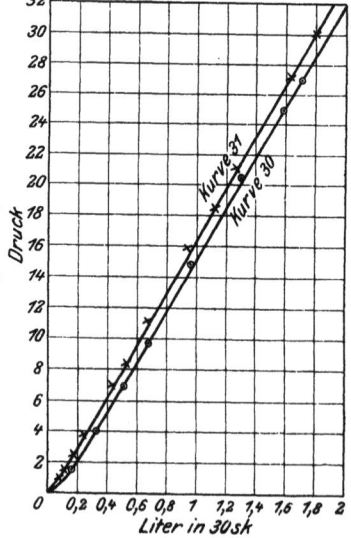

Fig. 25.

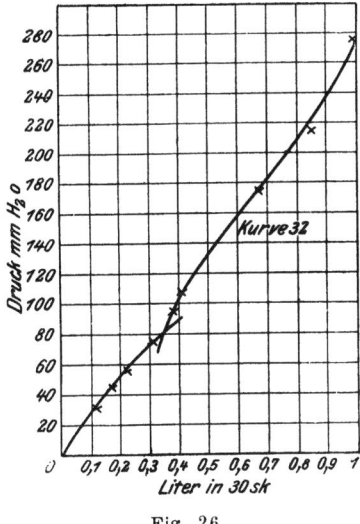

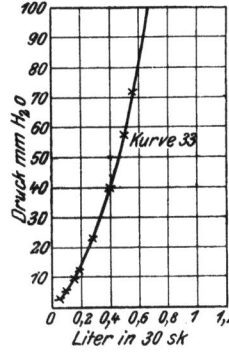

Kurve 32, Kupfer.
$d = 1{,}95$ mm, $l = 1380$ mm.

Kurve 33, Messing.
$d = 4$ mm, $l = 3120$ mm.

Fig. 26.

Fig. 27.

Die kritische Geschwindigkeit bei Kurve 30 und 31 ist $16{,}46$ m. — Der Ausdruck

$$\frac{\varrho\, D\, U_m}{\mu} = 439;$$

für Kurve 32 wird die kritische Geschwindigkeit $3{,}80$ m. — Der Ausdruck

$$\frac{\varrho\, D\, U_m}{\mu} = 494.$$

Es zeigt sich also, daß zwar der kritische Ausdruck

$$\frac{\varrho\, D\, U_m}{\mu}$$

auch für Metallrohre gilt, daß aber sein numerischer Wert bei Glas und Metall verschieden ist. Während ich bei Glasröhren gefunden hatte

$$\frac{\varrho\, D\, U_m}{\mu} = \infty\, 2000,$$

finde ich für Metallrohre

$$\frac{\varrho\, D\, U_m}{\mu} = 400 \text{ bis } 500.$$

3) **Versuch, die Wirbel sichtbar zu machen.**

Mit Hülfe verschiedener Verfahren versuchte ich, die Vorgänge im Innern der Rohre, die Wirbel, sichtbar zu machen. Zuerst brachte ich unter das Einflußende der Rohre in geeigneter Weise während des Durchströmens der komprimierten Luft den Rauch von brennendem Zunder. Ich dachte, auf diese Weise vielleicht durch Rauchwolken im Innern der Rohre etwas Näheres zu entdecken. Jedoch die Rohre wurden so heiß, daß ich dieses Verfahren alsbald wieder verlassen mußte. Dann nahm ich statt des Zunders ein feines gelbes Pulver. Aber auch hier sah ich im Innern der Rohre trotz der schärfsten Beobachtung nichts als eine Wolke. Als letztes Hülfsmittel versuchte ich die sogenannte Schlierenmethode, welche bekanntlich die kleinsten Unterschiede in dem Lichtbrechungsvermögen an den einzelnen Stellen eines Raumes erkennen läßt und dadurch sonst ganz unsichtbare Erscheinungen sichtbar und beobachtbar macht. Ich habe sowohl die Anordnung von Prandtl[1]) wie diejenige von Töpler[2]) benutzt.

Lange Zeit habe ich mit diesem Verfahren nach verschiedenen Richtungen hin herumgeprobt, jedoch ohne Erfolg. Meiner Ansicht nach lag das Versagen der sonst so empfindlichen Schlierenmethode nicht etwa in einem ungenauen Aufbau der Apparate, nicht in Unebenheiten der Linsen, nicht in einer oberflächlichen Beobachtung mittels des Fernrohres, sondern nur allein in den optischen Unebenheiten des Rohrglases.

4) Einfluß der Gestalt des Einflußendes der Rohre auf die Durchflußmenge und die kritische Geschwindigkeit.

Wie früher, so sind auch hier die Beobachtungen wieder in Kurven niedergelegt. Ich hätte eigentlich nicht geglaubt, daß der Einfluß der Gestalt des Einflußendes so groß sei, wie sich in der Tat herausgestellt hat. Die Untersuchungen wurden in der Weise gemacht, daß ich die Durchflußmenge verschiedener Rohre feststellte, und zwar einmal mit nicht aufgeblasenem Einflußende ⟶ ▭, das andere Mal mit aufgeblasenem Einflußende ⟶ ▭. Die Literdruckkurve ergab dann die kritische Geschwindigkeit.

Nachfolgend einige Beobachtungskurven, Fig. 28 bis 31:

Der Uebersicht halber will ich noch folgende Zahlentafel angeben, die alle bisher untersuchten Glasröhrchen zusammenfaßt.

Durchmesser mm	Länge m	U_m gemessen m	$\dfrac{\varrho D U_m}{\mu}$ aus den Messungen	Bemerkungen
0,123	1,055	244,33	2003	nicht aufgeblasen
	0,295	280,84	2302	
	0,163	272,41	2234	
0,241	1,054	131,77	2112	»
	0,599	135,43	2160	
2,0	15,300	15,39	2042	»
	21,150	15,60		
	9,170	15,92		
	6,080	15,95	2126	
	2,880	16,24		
	1,550	17,82		
	1,030	18,05	2400	
2,2	1,555	15,35	1998	»
0,153	1,350	225,8	2250	»
		333,70	3337	aufgeblasen
0,317	0,800	120,69	2536	nicht aufgeblasen
		379,32	∞ 8000	aufgeblasen
2	1,000	15,85	2113	nicht aufgeblasen
		20,21	2694	aufgeblasen
2	10,950	16,80	2240	nicht aufgeblasen
		16,80	2240	aufgeblasen
0,430	1,030	104,40	∞ 3000	aufgeblasen (nur schwach)
	0,570	117,18	> 3000	
	0,278	197,59	> 5000	

---

[1]) Prandtl, Physikal. Zeitschrift 8, 1907.
[2]) Töpler, Pogg. Annalen 131.

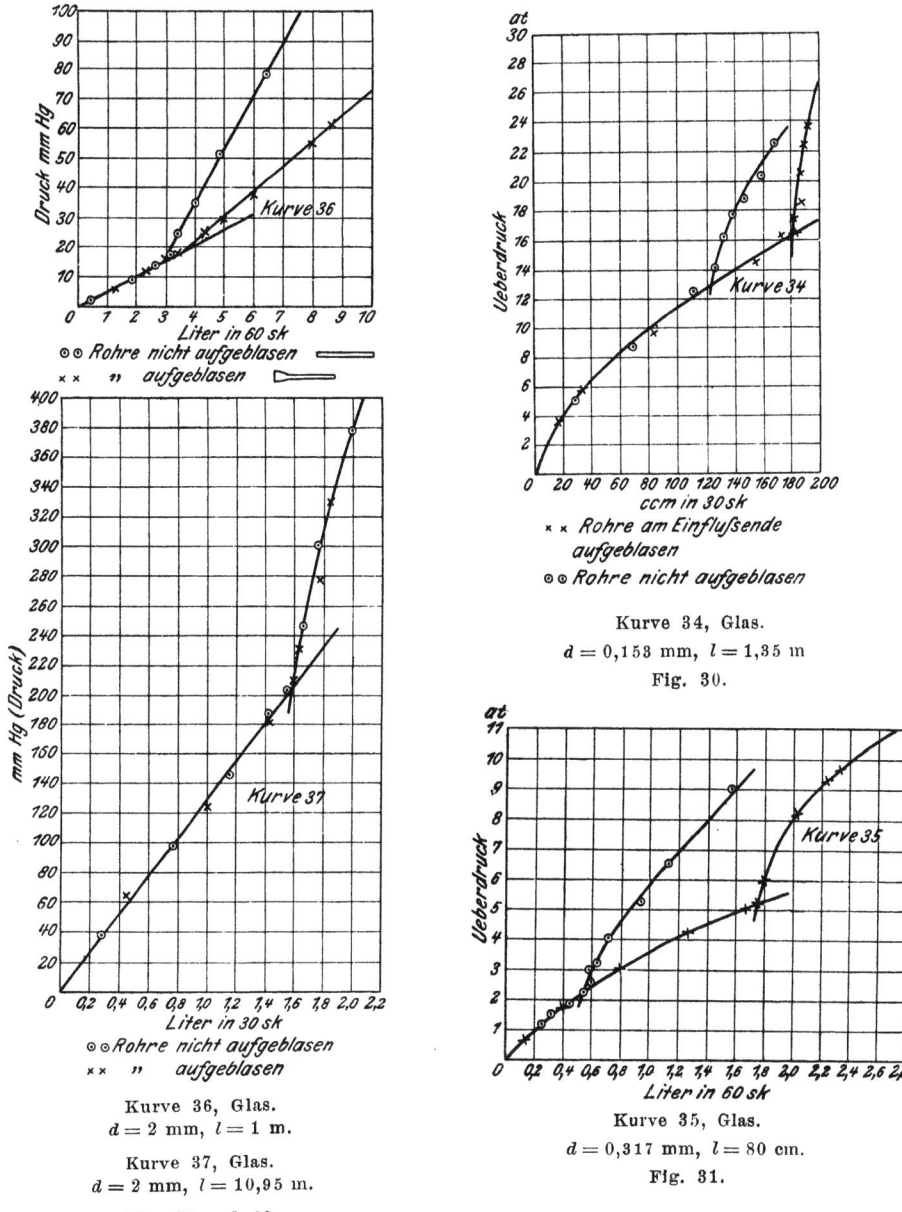

Kurve 34, Glas.
$d = 0{,}153$ mm, $l = 1{,}35$ m
Fig. 30.

Kurve 36, Glas.
$d = 2$ mm, $l = 1$ m.

Kurve 37, Glas.
$d = 2$ mm, $l = 10{,}95$ m.

Fig. 28 und 29

Kurve 35, Glas.
$d = 0{,}317$ mm, $l = 80$ cm.
Fig. 31.

5) Temperaturuntersuchungen längs des Rohres.

Die beiden Haarröhrchen B und C, Fig. 32, wurden in das für diesen Zweck konstruierte Gefäß A eingekittet. Das Rädchen R diente zur Führung des Thermodrahtes, der durch die beiden Rohre gezogen war. Das zum Thermodraht verwendete Material war Kupfer und Konstantan. Die Hauptlötstelle U (Kupfer-Konstantan) befand sich im rechten Röhrchen B und wurde durch vorsichtiges Ziehen in dem Rohr verschoben. Der Behälter D enthielt Wasser und hatte den Zweck, die kleinen mit Oel gefüllten Gefäße E und F auf gleichbleibender Temperatur zu halten, weil sich hier noch die beiden Anschlußlötstellen für das

Galvanometer *G* befanden. Die Leitungen *EG* und *FG* bestanden aus Kupfer; *H* war ein Fernrohr und diente zur Beobachtung der Ausschläge von *G*. Durch das Verschieben der Lötstelle *U* erhielt ich somit den Temperaturverlauf längs des Haarröhrchens.

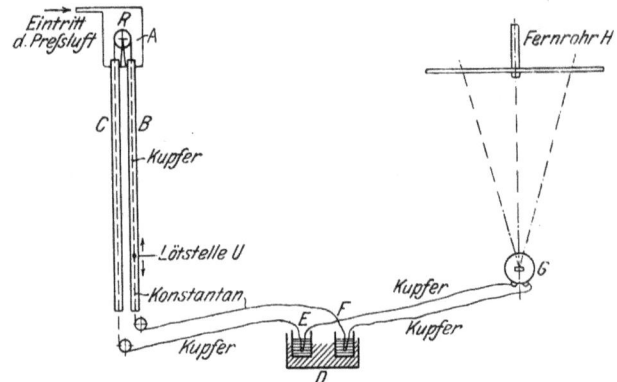

Fig. 32.

Bei sorgfältiger Behandlung konnte ich sogar die Lötstelle noch einige Zentimeter aus dem Haarröhrchen herausziehen und auch die Temperaturvorgänge an dieser Stelle feststellen. Während der Beobachtung mußte natürlich die komprimierte Luft durch das Haarröhrchen strömen. Den Druck hielt ich durch Nachpumpen unverändert. Das Eichen des Galvanometerausschlages ergab: 10 mm Ausschlag auf der Fernrohrskala entsprechen einer Temperaturänderung von ∞ 1°C, und zwar: Ausschlag nach rechts: »Erwärmung«, Ausschlag nach links: »Abkühlung«. Beobachtet wurde der treibende Druck, die Entfernung der Lötstelle vom Ausflußende des Rohres *B* und die Temperatur.

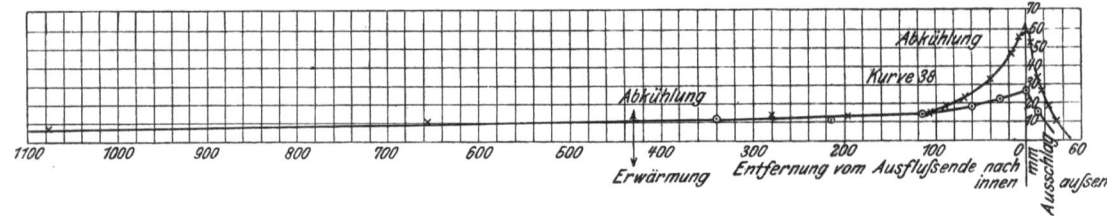

Fig. 33. Kurve 38, Glas. $d = 2$ mm, $l = 1220$ mm. × × × Druck 5,3 at, ⊙ ⊙ ⊙ Druck 2,7 at.

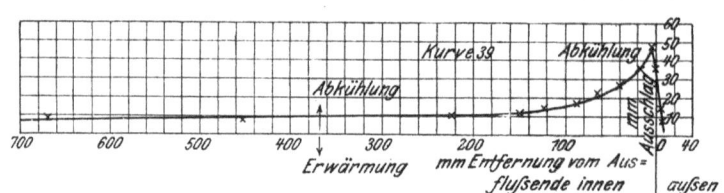

Fig. 34. Kurve 39, Glas. $d = {}^9/_{10}$ mm, $l = 1270$ mm, Druck 5,3 at.

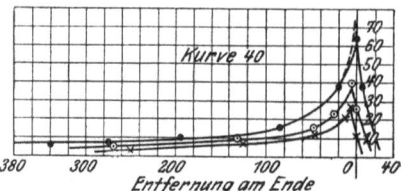

Fig. 35. Kurve 40, Glas.
$d = {}^5/_{10}$ mm,
$l = 950$ mm, × × × und Druck = 5,3 at,
$l = 950$ », ⊙ ⊙ ⊙ » » = 9,0 »,
$l = 430$ », • • • » » = 9,0 ».
△ gemessen, △ wahrscheinlich wirklicher Verlauf.

Ich will auch hier wie früher auf die Beobachtungstafeln verzichten und dafür der besseren Uebersicht wegen die Beobachtungskurven in den Fig. 33 bis 35 angeben. Als Koordinaten sind aufgetragen die Entfernungen der Lötstellen U vom Ausflußende des Haarröhrchens und die Galvanometerausschläge

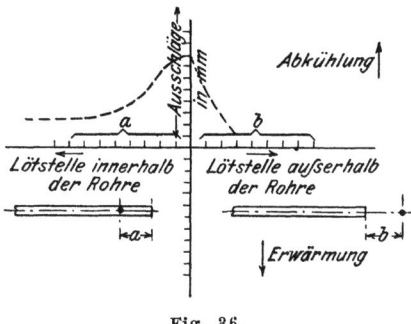

Fig. 36.

Die Entfernungen der Lötstelle innerhalb des Röhrchens sind nach links, diejenigen außerhalb nach rechts aufgetragen. Die Erwärmung ist nach unten, die Abkühlung nach oben gedacht (s. Fig. 36).

Diskussion der Versuchsergebnisse.

Betrachten wir zunächst die Erscheinungen bei Glasröhrchen mit Hülfe der Kurven 4 bis 28. Es ist bei den Versuchen mit den engsten Röhrchen begonnen. Die Kurven 4 bis 7 zeigen die Vorgänge bei einem Röhrchen von 0,123 mm Dmr. und verschiedenen Längen. Aus Kurve 4 ersieht man, daß die Literkurve bei ungefähr 14 at einen Knick hat, dem natürlich auch ein Knick in der η-Kurve Nr. 7 entspricht. Unterhalb dieses Knickes ist die Reibungszahl η fast unverändert, oberhalb derselben wächst sie plötzlich stark an. Da nun immer Liter- und η-Kurven in Bezug auf die Lage des Knickes identisch sind, so braucht man eigentlich nur noch die Literkurve zu zeichnen. Es bildet also dieser Knick eine kritische Geschwindigkeit für die Reibungszahl, demnach auch eine kritische Geschwindigkeit für das Poiseuillesche Gesetz. Daß die kritische Geschwindigkeit von der Länge abhängig ist in Bezug auf den Druck, ergeben die Kurven 5 und 6. Je länger das Haarröhrchen, desto höher liegt die kritische Geschwindigkeit, desto später tritt sie ein. Bei $l = 1055$ mm (Kurve 4) finden wir die kritische Stellung bei rd. 14 at; bei $l = 295$ mm (Kurve 5) liegt sie bei rd. 8 at, und bei $l = 163$ mm (Kurve 6) sehen wir sie bei rd. 6 at. Mit fallender Länge fällt also auch die kritische Geschwindigkeit, d. h. dem Drucke nach. Dagegen scheinen sich die Durchflußmengen an der kritischen Stelle um einen bestimmten Mittelwert herum zu bewegen; d. h., die Geschwindigkeiten sind an den Punkten der kritischen Geschwindigkeiten bei allen drei Haarröhrchen fast gleich. Es würde sich also hier, wie bei Flüssigkeiten, eine ganz bestimmte kritische Geschwindigkeit zeigen.

Der Ausdruck, den Reynolds für die kritische Geschwindigkeit bei Flüssigkeiten aufstellte, hat auch hier überall denselben Wert. Bei Kurve 4 bis 9 ist überall $\frac{\varrho D U_m}{\mu} = $ rd. 2000. Die Kurven 10 bis 16 zeigen nun die kritische Geschwindigkeit bei noch weiteren und längeren Rohren. Der Durchmesser bei diesen Messungen war 2 mm. Die Länge schwankte zwischen rd. 16 m und rd. 1 m. Auch hier sind die Geschwindigkeiten wieder gleich, der Ausdruck $\frac{\varrho D U_m}{\mu}$ hat wieder den Wert rd. 2000. Ich habe früher schon einige Werte für den Ausdruck $\frac{\varrho D U_m}{\mu}$ angegeben, um zu zeigen, wie gut sich alle Werte der Zahl 2000 nähern.

Kurve 17 zeigt die Literkurve eines noch weiteren Rohres vom Durchmesser 2,2 mm. Die kritische Geschwindigkeit liegt hier bei rd. 25 cm H_2O-Druck (Wasserdruck). Noch weiter habe ich den Durchmesser wachsen lassen. Kurve 18 gilt für einen Durchmesser von 3,8 mm. Hier zeigt sich bei einem Druck von 7 mm H_2O noch kein Knick, der Wert der Reibungszahl ist zu groß, das Poiseuillesche Gesetz hat keine Gültigkeit mehr. Es ist also auch in dem Wachsen des Durchmessers eine Grenze gesetzt.

Die Kurven 19 bis 27 stellen die Versuchswerte bei einem Haarrohr von $^4/_{10}$ mm dar. Dieses Rohr war im Vergleich zu allen bisherigen am Einflußende ganz wenig aufgeblasen. Ich bringe es erst hier am Schlusse, weil ich hier einige Messungen bei den höchsten möglichen Drücken gemacht habe. Die Kurven 19 bis 21 zeigen die kritischen Geschwindigkeiten in der Litermenge. Die Geschwindigkeiten stimmen nicht mit denen von Reynolds überein. Der Wert $\frac{\varrho D U_m}{\mu}$ ist zu groß (3000 und noch größer). Es kommt dies daher, daß das Einflußende wenig aufgeblasen war.

Bisher waren alle Kurven nur in der Gegend des Knickes betrachtet worden. Wie verhalten sich denn nun Liter- und η-Kurven, wenn wir hoch über die kritische Geschwindigkeit hinausgehen?

In Kurve 4 bis 6 sieht man schon, daß nach der kritischen Geschwindigkeit mit steigendem Druck die Litermenge anfangs langsamer, später wieder schneller wächst. In Kurve 4 z. B. liegt sie bei rd. 14 at. Dann wächst die Litermenge nur langsam bis zu einem Drucke von rd. 20 at, um von hier ab wieder schneller, und zwar geradlinig zu steigen. Gleiches zeigt sich bei den Kurven 5 und 6, 8 und 9. Die Kurven 10 bis 16 lassen erkennen, daß dieser Unterschied zwischen dem erst langsamen und dann schnelleren Steigen der Litermenge mit wachsendem Durchmesser schwächer wird. In Kurve 17 ist, weil der Durchmesser schon 2,2 mm ist, dieser Unterschied ganz verschwunden, die Literkurve biegt um und verläuft dann steiler, aber geradlinig.

Um nun zu zeigen, daß auch bei ganz hohen Drücken, noch höher als 40 at, die Literkurve linear verläuft, sind die Kurven 22 und 23 gezeichnet; sie gehen bis zu einem Drucke von 180 at Ueberdruck. Während nun oberhalb der kritischen Geschwindigkeit die Literkurve als gerade Linie sich darstellt, verläuft die η-Kurve ausgesprochen als Kurve; die Kurven 27 und 28 stellen η für ein mittleres Rohr ($^4/_{10}$ mm Durchmesser) bis zu einem Drucke von 180 at dar. Die kritische Geschwindigkeit ist natürlich bei den Kurven, die bis zu solchen hohen Drücken gehen, wegen des Maßstabes nicht gezeichnet.

Eine Diskussion der Vorgänge bei solchen hohen Drücken wie hier (180 at), ist zurzeit noch nicht möglich. Es seien daher diese ganz hohen Druckmessungen zunächst nur als orientierende Messungen mitgeteilt.

Wir hatten bisher stets nur Glasröhrchen. Es fragt sich nun, wie verhalten sich die ganzen Vorgänge bei Metall? Zur Beantwortung dieser Fragen dienen die Kurven 29 bis 33.

Kurve 29 zeigt die kritische Geschwindigkeit für ein Eisenrohr von $^4/_{10}$ mm Dmr. und 1480 mm Länge. Es liegt der Knick bei einem Druck von ungefähr 400 mm Hg (Quecksilbersäule). Ein Versuch mit dem Glasrohr von gleichen Abmessungen beweist, daß die kritische Geschwindigkeit bei Metall niedriger liegt als bei Glas. In Kurve 29 steigt die Literkurve nach dem Knick erst langsam, dann schneller. Dies stimmt mit den Vorgängen bei Glasröhrchen überein. In Kurve 30 sind die Litermengen für das Eisenrohr bei hohen Drücken bis zu 33 at aufgetragen. Ich wollte damit zeigen, daß, wie bei Glas auch hier bei Metall die Literkurve geradlinig verläuft. In Kurve 31 ist zum Vergleich mit Eisen ein Kupferrohr von denselben Abmessungen untersucht. Man sieht, daß die Literkurven bis zu den höchsten Drücken fast zusammenfallen. Der geringe Unterschied in der Durchflußmenge zwischen Kurve 30 und 31 mag vielleicht daher rühren, daß das Kupferrohr rd. 2 cm länger war als dasjenige aus Eisen.

Immerhin laufen die beiden Kurven ausgezeichnet parallel, und man darf wohl den Schluß ziehen, daß die Art des Metalls ohne Einfluß ist. In Kurve 32 sehen wir die Literkurve eines Rohres aus Kupfer mit einem Durchmesser von 1,95 mm und einer Länge von 1,380 m. Der Knick liegt bei 78 mm Wassersäulendruck, also auch tiefer als bei fast dem gleichen Glasrohr.

Um nun auch noch ein ganz weites Metallrohr zu haben, ist Kurve 33 gezeichnet. Das Material dieses Rohres war Messing, der Durchmesser 4 mm, die Länge 3,120 m. Hier ist, wie auch bei dem fast gleichen Glasrohr, gar kein Knick mehr vorhanden, der Durchmesser ist zu groß, das Poiseuillesche Gesetz gilt nicht mehr. Vergleichen wir nun die kritische Geschwindigkeit bei den Metallröhrchen mit derjenigen bei Glasröhren.

Bei den Eisenrohren von $^4/_{10}$ mm Dmr. (Kurve 30 und 31) ist die kritische Geschwindigkeit 1646 cm/sk; der Ausdruck $\frac{\varrho D U_m}{\mu}$ hat den Wert 439.

Für die Kupferrohre von 1,95 mm Dmr. (Kurve 32) ist die kritische Geschwindigkeit 380 cm/sk; der Ausdruck $\frac{\varrho D U_m}{\mu}$ hat den Wert 494.

Es zeigt sich also, daß die kritische Geschwindigkeit bei Metallrohren eher eintritt, also bei einem niedrigeren Drucke, als bei Glasrohren, daß aber der Ausdruck $\frac{\varrho D U_m}{\mu}$ bei Metallrohren unter sich ebenfalls eine kritische Geschwindigkeit darstellt, nur mit einem anderen Zahlenwerte als bei Glas. Bei Glas hatten wir

$$\frac{\varrho D U_m}{\mu} = \text{rd. } 2000;$$

für das Metall dürfen wir wohl angeben:

$$\frac{\varrho D U_m}{\mu} = \text{rd. } 400 \text{ bis } 500.$$

Worin kann denn nun der Grund wohl für dieses Verhalten der Metallrohre gegenüber den Glasrohren liegen? Ich sehe den Grund in der Beschaffenheit der inneren Wandfläche des Metallrohrs. Es ist unmöglich, enge Metallrohre mit derselben glatten inneren Wand herzustellen wie zum Beispiel Glasrohre, wenigstens nicht bei diesen kleinen Weiten.

Die bisher verwendeten Glasrohre waren am Einflußende nicht aufgeblasen. Es muß jedoch die Frage aufgeworfen werden: »Ist die Gestalt des Einflußendes der Rohre ohne Einfluß? Ist es gleich für die Durchflußmenge, für die kritische Geschwindigkeit, ob die Rohre am Einflußende aufgeblasen sind oder nicht?«

Die Kurven 34 und 37 sollen uns dies näher erläutern. Es sind verschiedene Durchmesser und verschiedene Längen untersucht. Kurve 34 zeigt ein Haarröhrchen von 0,153 mm Dmr. und 1,350 m Länge in nicht aufgeblasenem und aufgeblasenem Zustand. Ist das Röhrchen nicht aufgeblasen, so liegt der Knick bei fast 13 at; ist es kegelig aufgeblasen, so tritt er erst bei rd. 16,5 at auf. Durch das Aufblasen wird also die kritische Geschwindigkeit in die Höhe gedrückt. Man sieht ferner, daß unterhalb der kritischen Geschwindigkeit die zwei Literkurven zusammenfallen, oberhalb derselben nicht; die aufgeblasene Röhre hat also die größere Durchflußmenge.

Was nun die kritische Geschwindigkeit anbelangt, so ist bei dem nicht aufgeblasenen Röhrchen $U_m = 225$ m. Der Ausdruck $\frac{\varrho D U_m}{\mu}$ wird 2250. Bei dem aufgeblasenen Haarrohr ist $U_m = 330{,}7$ m; $\frac{\varrho D U_m}{\mu}$ ist 3337. Es scheint also die Reynoldssche Formel nur dann zu gelten, wenn das Rohr nicht aufgeblasen ist. Kurve 35 zeigt dasselbe für ein Rohr von 0,317 mm Dmr. Kurve 36 bringt die Unterschiede für ein noch weiteres Rohr. Der Durchmesser bei Kurve 36 ist 2 mm, die Länge 1 m. Hier liegen die 2 Knicke schon ganz nahe zusammen. Die kritische Geschwindigkeit bei dem nicht aufgeblasenen Rohr ist $U_m = 15{,}85$ m. Der Ausdruck $\frac{\varrho D U_m}{\mu} = 2113$. Die kritische Geschwindigkeit bei dem aufgeblasenen Rohr ist 21,21, $\frac{\varrho D U_m}{\mu} = 2694$. Man sieht, daß die Reynoldssche Formel genauer für das nicht aufgeblasene Haarrohr gilt, jedoch ist der Unterschied schon kleiner als bei dem früher untersuchten ganz engen Rohre. Bei dem Rohr vom Dmr. 0,153 war der Unterschied $\frac{\varrho D U_m}{\mu}$ für aufgeblasen und nicht aufgeblasen rd. 1000, hier bei 2 mm Dmr. ist er nur rd. 500. Kurve 37, wo der Durchmesser zwar auch 2 mm ist, die Länge aber 10 m beträgt, läßt überhaupt keinen Unterschied zwischen einem aufgeblasenen und nicht aufgeblasenen Rohr mehr erkennen. Man sieht also, daß der Einfluß der Form des Einflußendes um so größer ist, je enger das Rohr, und daß sich bei ganz langen und weiten Rohren überhaupt kein Einfluß der Gestalt mehr geltend macht. Wie könnten wir diesen Vorgang uns nun wohl deuten? Ich erkläre mir diese Erscheinung, indem ich Strahlbildung an der scharfen Ecke, dem scharfen inneren Umkreis des Einflußendes, annehme.

Aus der auf Seite 38 aufgestellten Zahlentafel ergibt sich, daß die Werte von $\frac{\varrho D U_m}{\mu}$, sofern sie vom Werte 2000 erheblich abweichen, sämtlich größer als dieser Wert sind. Hieraus folgt, daß der dem Poiseuilleschen Gesetz folgende Bewegungszustand auch dann unter Umständen erhalten wird, wenn die kritische Grenze bereits überschritten ist. Besonders tritt dies ein, wenn sich die Einströmungsöffnung allmählich erweitert. Dann können, wie besonders die Kurven 34 und 35 zeigen, sehr erhebliche Ueberschreitungen der Grenze stattfinden, die dann wohl als labile Zustände aufzufassen sind. Aber auch die Länge des Rohres ist von Einfluß auf diese Verhältnisse. Je länger das Rohr ist, umsomehr nähert sich die kritische Grenze dem Reynoldsschen Wert. Bei kurzen Rohren findet eine erhebliche Ueberschreitung des Reynoldsschen Wertes statt. Die Wirbelung bedarf, wie es scheint, einer gewissen Länge, um schon bei dem Reynoldsschen Wert der Strömung die Bewegung zu beeinflussen.

Die noch folgenden Kurven 38 bis 40 zeigen den Temperaturverlauf längs des Haarrohres. Kurve 38 zeigt die Untersuchungen für einen Durchmesser von 2 mm und eine Länge von 1,220 m; jedoch sind die Drücke verschieden. Man erkennt, daß die Temperatur längs des ganzen Rohres unverändert bleibt bis fast zum Ausflußende. Hier beginnt infolge der Expansion eine allmähliche Abkühlung. Die Abkühlung ist natürlich um so heftiger, je höher der Druck ist. Immerhin ist sie nicht sehr groß; sie beträgt ungefähr 6° bei stärkster Abkühlung. Kurve 39 zeigt die Temperaturergebnisse für ein etwas engeres Rohr von $^9/_{10}$ mm Dmr. Es ergibt sich auch hier dasselbe wie in 38. Kurve 40 gilt nun für ein abermals noch engeres Rohr; der Durchmesser beträgt $^5/_{10}$ mm. Jedoch Länge und Druck sind verschieden. Längs des Rohres fallen hier fast sämtliche Kurven zusammen, d. h. die Temperatur ist überall ohne Sprung. Am Ende natürlich müssen die Abkühlungen bei großem Durchmesser bezw. hohem Druck größer sein als bei kleinem Durchmesser bezw. kleinem Druck.

Aus den Betrachtungen folgt, daß nirgendwo längs des Haarrohres Unstetigkeiten in der Temperatur auftreten. Es scheint sich demnach das Gas wie ein Ganzes durch das Rohr hindurch zu bewegen, ohne große Dichteänderungen, ähnlich wie eine Flüssigkeit.

Zusammenstellung der gefundenen Ergebnisse.

1) Bei Versuchen mit Strömungen der Luft durch enge Rohre hat sich ergeben, daß der kritische Wert von Reynolds auch hier maßgebend ist für den Beginn von Stromwirbeln. Die zahlenmäßige Uebereinstimmung ist in vielen Fällen auffallend gut. Abweichungen haben sich immer nur nach einer Richtung hin gezeigt, so daß in diesen Fällen die Wirbelung erst bei stärkerer Strömung eintritt.

2) Die Abweichungen werden vorzugsweise durch zwei Umstände veranlaßt:
  α) geringere Rohrlänge,
  β) allmähliche Erweiterung der Einströmöffnung.

3) Metallrohre geben für den kritischen Wert erheblich kleinere Werte, als der Reynoldsschen Zahl entspricht. Wodurch diese auffallende Abweichung bedingt ist, bedarf noch näherer Untersuchung.

4) Die Temperaturmessung mit Hülfe von Thermoelementen, die in den Rohren verschiebbar angebracht waren, ergab das hauptsächlichste Temperaturgefälle in der Nähe der Ausflußmündung. Es muß daher auch das wesentliche Druckgefälle und der hauptsächlichste Widerstand in der Nähe des Rohrendes liegen.

Heft 22.
Bach: Versuche über den Gleitwiderstand einbetonierten Eisens.
Klein: Ueber freigehende Pumpenventile.
Fuchs: Der Wärmeübergang und seine Verschiedenheiten innerhalb einer Dampfkesselheizfläche.

Heft 23.
Baum und **Hoffmann:** Versuche an Wasserhaltungen (Dampfwasserhaltung der Zeche Victor, hydraulische Wasserhaltung der Zeche Dannenbaum, Schacht II, und elektrische Wasserhaltungen der Zechen Victor, A. von Hansemann und Mansfeld).

Heft 24.
Klemperer: Versuche über den ökonomischen Einfluß der Kompression bei Dampfmaschinen.
Bach: Versuche über die Festigkeitseigenschaften von Stahlguß bei gewöhnlicher und höherer Temperatur.

Heft 25.
Häußer: Untersuchungen über explosible Leuchtgas-Luftgemische.
Föttinger: Effektive Maschinenleistung und effektives Drehmoment, und deren experimentelle Bestimmung (mit besonderer Berücksichtigung großer Schiffsmaschinen).

Heft 26 und 27.
Roser: Die Prüfung der Indikatorfedern.
Wiebe und **Schwirkus:** Beiträge zur Prüfung von Indikatorfedern.
Staus: Einfluß der Wärme auf die Indikatorfeder.
Schwirkus: Ueber die Prüfung von Indikatorfedern.
—, Auf Zug beanspruchte Indikatorfedern.

Heft 28.
Loewenherz und **van der Hoop:** Wirbelstromverluste im Ankerkupfer elektrischer Maschinen.
Bach: Versuche über die Festigkeitseigenschaften von Flußeisenblechen bei gewöhnlicher und höherer Temperatur (hierzu Tafel 1 bis 4).

Heft 29.
Bach: Druckversuche mit Eisenbetonkörpern.
—, Die Aenderung der Zähigkeit von Kesselblechen mit Zunahme der Festigkeit.
—, Zur Kenntnis der Streckgrenze.
—, Zur Abhängigkeit der Bruchdehnung von der Meßlänge.
—, Versuche über die Verschiedenheit der Elastizität von Fox- und Morison-Wellrohren.

Heft 30.
Berg: Die Wirkungsweise federbelasteter Pumpenventile und ihre Berechnung.
Richter: Das Verhalten überhitzten Wasserdampfes in der Kolbenmaschine.

Heft 31.
Bach: Versuche zur Ermittlung der Durchbiegung und der Widerstandsfähigkeit von Scheibenkolben.
Stribek: Warmzerreißversuche mit Durana-Gußmetall. Gesichtspunkte zur Beurteilung der Ergebnisse von Warmzerreißversuchen.
Wendt: Untersuchungen an Gaserzeugern.

Heft 32.
Richter: Thermische Untersuchung an Kompressoren.
v. Studniarski: Ueber die Verteilung der magnetischen Kraftlinien im Anker einer Gleichstrommaschine.

Heft 33.
Wagner: Apparat zur strobographischen Aufzeichnung von Pendeldiagrammen.
Wiebe: Der Temperaturkoeffizient bei Indikatorfedern.
Bach: Versuche über die Elastizität von Flammrohren mit einzelnen Wellen.
—, Die Bildung von Rissen in Kesselblechen.
—, Versuche über die Drehungsfestigkeit von Körpern mit trapezförmigem und dreieckigem Querschnitt.

Heft 34.
Köhler: Die Rohrbruchventile. Untersuchungsergebnisse und Konstruktionsgrundlagen.
Wiebe und **Leman:** Untersuchungen über die Proportionalität der Schreibzeuge bei Indikatoren.

Heft 35 und 36.
Adam: Ueber den Ausfluß von heißem Wasser.
Ott: Untersuchungen zur Frage der Erwärmung elektrischer Maschinen. I. Wärmeleitvermögen der lamellierten Armatur. II. Erwärmungsgleichungen für Feldspulen.
Knoblauch und **Jakob:** Ueber die Abhängigkeit der spezifischen Wärme C_p des Wasserdampfes von Druck und Temperatur.

Heft 37.
Benqemann: Ueber den Ausfluß des Wasserdampfes und über Dampfmengenmessung.
Möller: Untersuchungen an Drucklufthämmern.

Heft 38.
Martens: Die Meßdose als Kraftmesser in der Materialprüfmaschine.

Heft 39.
Bach: Versuche mit Eisenbetonbalken. Erster Teil.
—, Versuche mit einbetoniertem Thacher-Eisen.

Heft 40.
Versuche an der Wasserhaltung der Zeche Franziska in Witten.
Grübler: Vergleichende Festigkeitsversuche an Körpern aus Zementmörtel.
Lorenz: Vergleichsversuche an Schiffschrauben.
—, Die Aenderung der Umlaufzahl und des Wirkungsgrades von Schiffschrauben mit der Fahrgeschwindigkeit.

Heft 41.
Hort: Die Wärmevorgänge beim Längen von Metallen.
Mühlschlegel: Regulierversuche an den Turbinen des Elektrizitätswerkes Gersthofen am Lech.

Heft 42.
Biel: Die Wirkungsweise der Kreiselpumpen und Ventilatoren. Versuchsergebnisse und Betrachtungen.

Heft 43.
Schlesinger: Versuche über die Leistung von Schmirgel- und Karborundumscheiben bei Wasserzuführung.

Heft 44.
Biel: Ueber den Druckhöhenverlust bei der Fortleitung tropfbarer und gasförmiger Flüssigkeiten.

Heft 45 bis 47.
Bach: Versuche mit Eisenbetonbalken. Zweiter Teil.

Heft 48.
Becker: Strömungsvorgänge in ringförmigen Spalten und ihre Beziehungen zum Poiseuilleschen Gesetz.
Pinegin: Versuche über den Zusammenhang von Biegungsfestigkeit und Zugfestigkeit bei Gußeisen.

Heft 49.
Martens: Die Stulpenreibung und der Genauigkeitsgrad der Kraftmessung mittels der hydraulischen Presse.
Wieghardt: Ueber ein neues Verfahren, verwickelte Spannungsverteilungen in elastischen Körpern auf experimentellem Wege zu finden.
Müller: Messung von Gasmengen mit der Drosselscheibe.

Heft 50.
Rötscher: Versuche an einer 2000 pferdigen Riedler-Stumpf-Dampfturbine.

MIX
Papier aus verantwortungsvollen Quellen
Paper from responsible sources
FSC® C105338

If you have any concerns about our products,
you can contact us on
ProductSafety@springernature.com

In case Publisher is established outside the EU,
the EU authorized representative is:
**Springer Nature Customer Service Center GmbH
Europaplatz 3, 69115 Heidelberg, Germany**

Printed by Libri Plureos GmbH
in Hamburg, Germany